米沢海軍

その人脈と消長

工藤美知尋 著

芙蓉書房出版

はじめに

明治期から昭和前期にかけて、『東京日日新聞』の記者として健筆をふるい、その後政治評論家に転じた鵜崎鷺城《うざきろじょう》は、明治四五年に『薩の海軍、長の陸軍』と題する著書を刊行した。日本の陸海軍を語る時、明治中期には、既にこうした呼称が世間一般で使われていたようである。例えば「薩摩海軍」や「佐賀海軍」という呼称である。幕末から海外との接触が頻繁にあった薩摩と佐賀の両藩は、他藩に先駆けて自前で反射炉や洋式艦船などの製造を行っていた。

近代海軍士官を育成するための兵学校が、まだ稼働して間もなかった日清戦争までは、旧薩摩藩や佐賀県出身の海軍軍人が多数を占めていたが、それから一〇年経ち日露戦争になると、海軍兵学校を卒業した士官が日本海軍の中堅を占めるようになった。この中に旧米沢藩出身の少壮士官が多くいた。

この辺りから日本海軍を語る時、人々の口の端に「米沢」という地名が頻繁に出てくるようになり、世間でも「米沢海軍」という言葉が流布されることになった。

今日「米沢海軍」という時、そこには二つの意味が込められている。

一つは、海に全く面していない内陸の米沢盆地から、意外にも多くの海軍将官が誕生したという意味で使う場合である。

もう一つは、海軍軍令部長を務めた山下源太郎大将や今村信次郎中将をはじめ、終戦時の鈴木貫太郎内閣で米内光政海相を助けた左近司政三中将や片桐英吉中将、そして真珠湾奇襲作戦で第一航空艦隊司令長官を務めた南雲忠一中将など、明治期から太平洋戦争終焉に至るまで、旧米沢藩出身の将官たちが日本海軍の中枢を占めた理由について問う場合である。

詳しくは本書の中でこれから説明していくが、海軍中枢に米沢出身者が多かったのは決して偶然ではなく、それなりの歴史的な理由がある。

薩摩は、薩英戦争というエポックな事件以降、本格的に海軍の建設を意識したが、米沢藩(上杉藩)の場合も、戊辰戦争の苦難の時代があり、旧藩士子弟の立身の手段として、海軍が意識されるようになった。

ここで『米沢海軍―その人脈と消長』という書名について説明しよう。

昭和五五年に松野良寅著『遠い潮騒―米沢海軍の系譜と追憶』(米沢海軍武官会監修)という本が刊行された。著者の松野良寅氏は海兵七五期で、終戦当時はまだ在校中であった。昭和一七年一〇月から一九年七月まで、当時海軍兵学校長であったリベラリストの井上成美中将の薫陶を受け、思想的には井上の考え方に深く傾倒していた。これは、『遠い潮騒』の最後に、昭和一八年一二月の海兵七五期生の入校の際の井上校長の訓示をわざわざ掲載していることからも言える。

終戦から一五年が過ぎ、世情がようやく落ち着いてきた昭和三五年四月、東京の水交荘で、戦前の「米沢海軍武官会」が再興され、その後白布高湯温泉や蔵王温泉などで数回の懇親会が開催された。これらの会合では、日本海軍創設以来の米沢出身海軍士官名簿の作成と資料の収集調査を行うことを決めた。しかしここでは「米沢海軍」の歴史的評価の研究は行われなかったのである。後に詳しく述べるが、それはある意味当然で、昭和五年のロンドン海軍軍縮会議以降、それまで一体であった「米沢海軍」に深刻な亀裂が入っていたからである。

米沢海軍武官会再興の主な目的は親睦であり、また当時存命の米沢海軍士官も数人いたし、もちろん遺族の方も多数いたという事情もあり、松野氏自身が歴史的評価を下すことはためらわれたのであろう。さらに、歴史的評価を行うことは、散華された先輩方に対する非礼に当たる、と考える関係者もいた。

以来、四〇数年にわたり、「米沢海軍」の本格的な歴史的評価の研究は行われてこなかったのである。

しかし令和四年の現在、太平洋戦争開戦から八〇年、帝国海軍の終焉から七七年を数えている。そのような時、「米沢海軍」の歴史的評価を試みることは意義のあることと思い、本書を執筆した。


ところで、『遠い潮騒』で松野氏は「米沢海軍」の対象者を、次のように規定している。
（1）旧制米沢（興譲館）中学校（私立米沢中学校およびその前身を含む）と山形県立長井中学校の出身者。
（2）右両校の出身者ではないが、生家の原籍地が米沢を中心とした旧上杉藩領の者。
（3）米沢と特に縁故が深く、「米沢海軍武官会員」であった者。
（4）以上いずれかの条件に該当し、日本海軍草創期に海軍に入り、少尉以上（文官等の場

合には、それに相当する階位）に任官進級した者、並びに海軍兵学校・海軍機関学校・海
　軍経理学校の出身者（終戦時在校生を含む）および海軍軍医の関係者。

本書には「その人脈と消長」という副題を付けたが、明治期から大正期に入ると、それまで米沢地方に限られていた「米沢海軍」の人脈は、戊辰戦争で奥羽越列藩同盟を結んでいたという歴史的近似性もあったため、庄内藩、仙台藩、長岡藩出身の海軍士官に思想的影響を与え、また姻戚関係を通して格段に広がった。

したがって、日本海軍史上の「米沢海軍」の評価には、これらの地出身の海軍将官も視野に入れなければならないのである。例えば、仙台出身の四竈孝輔中将、山梨勝之進大将、井上成美大将、そして越後長岡出身の山本五十六大将（戦死後元帥）、五十六の無二の友人として山下源太郎大将や四竈中将などの薫陶を受けた大分出身の堀悌吉中将、さらには庄内の佐藤鉄太郎中将や盛岡出身の米内光政大将なども、「米沢海軍」を評価する際には視野に入れなければならない人物と考えている。

最終章で紹介している工藤俊作中佐だが、工藤中佐が「米沢海軍」の関係者との戦後の交流を断ってきたことから、平成一五年に『海の武士道』（恵隆之介著）という本が出るまで全く世に知られてこなかった。この工藤俊作中佐を取り上げることによって、筆者は「米沢海軍」の品格を世に問いたいと考えた。

以上が、本書執筆の動機と背景である。

米沢海軍　その人脈と消長　目次

第5章 「米沢海軍」の悲劇—南雲忠一の太平洋戦争 179

第1章

黎明期の「米沢海軍」

なぜ海のない山形県南部の置賜盆地から「米沢海軍」が生まれたのか

二六〇余年続いた徳川幕府が倒壊した根本原因は、黒船に象徴される西欧列強による軍事的脅威を防ぐことが出来ない政治体制にあった。

慶応三（一八六七）年、徳川慶喜は大政奉還を行い、翌慶応四年、新政府が組織されることになったが、直属の部隊がなかったため、諸藩を通じて兵を指揮せざるを得なかった。こうしたことから新政府としては、まず国軍の建設から着手することにした。

「黒船」によって徳川幕府が崩壊したため、新政府も海防の重要性を深く認識していた。陸海軍省が発足したのは、明治五年二月のことである。それ以前は、兵部省が陸海軍事務を一括処理した。

明治三年五月、兵部省は海軍の建設を太政官に建議した。その軍事費は、さしあたり国家歳入の五分の一とし、二〇ヵ年計画でもって、軍艦二〇〇隻、常備人員二万五〇〇〇名の海軍を建設し、併せて士官の養成も行うことにした。

明治二年九月、東京築地にあった海軍操練所が再開され、翌三年一月、この海軍操練所で始業式が行われた。学生は、薩摩・長州・佐賀等の一六藩に命じて派出させた志願者（貢進生）であった。年齢は一八歳以上二〇歳以下までと定められていたが、それ以外にも通学生として約一〇〇余名が認められた。

明治三年一一月四日、海軍操練所は兵学寮と改称され、さらに明治九年九月、海軍兵学寮は「海軍兵学校」と改められて、ここに海軍初級士官養成のための海軍兵学校が誕生することになった。

日露戦争後から第一次世界大戦までの、いわゆる八八艦隊建設中の海軍兵学校の定員は、一時三〇〇名まで増えたが、大正一一（一九二二）年、主力艦に関するワシントン海軍軍縮条約と、昭和五（一九三〇）年、補助艦に関するロンドン海軍軍縮条約が締結されたことによって、その数は大幅に抑えられることになった。

海兵には開校当初から応募者が殺到したが、ロシアのバルチック艦隊を対馬沖で全滅させた日露戦争直後に頂点に達した。太平洋戦争末期の昭和二〇年には、海兵の生徒数は四〇〇〇名まで膨張した。

海兵の入学試験は旧制中学の四年生のレベルとされていたが、「中学卒」という学歴は絶対的な条件ではなく、入学試験の成績で合否の全てが決まった。したがって我と思わん青年は、こぞって海兵の入学試験に挑戦したものである。

陸軍士官学校と海兵とを併願する受験者も多くいたが、人気は断然海兵の方にあった。

今日では高校・大学入試の難易度の指標として各種機関が出すランキングや偏差値があるが、当時はそのようなものはなかった。したがって戦前においては、海兵に何名合格者を出したかが、そのまま旧制中学の序列になった。

昭和九年四月の海兵六五期から二〇年四月の海兵七七期までの海軍三校（海軍兵学校・機関学校・経理学校）の入試倍率はいずれの年度も高く、海兵は一〇倍から三〇倍ほどの、実に高い競争率だった（鎌田芳朗著『海軍兵学校物語』）。

米沢興譲館中学は海兵に毎年数名の合格者を出したことで全国に知れわたることになった。『海軍兵学校出身者名簿』によれば、草創期から実戦に参加した七四期生までの奥羽六県の出身者は、山形二〇〇名（内米沢出身者七五名）、宮城一六二名、福島一二三名、岩手五四名、青森五一名、秋田三八名である（松野良寅『海は白髪なれど―奥羽の海軍』四二～四七頁）。

草創期からの奥羽出身の海軍将官を県別に挙げよう（『陸海軍将官人事総覧［海軍編］』）。

【米沢】三一名

下條於兎丸（草創期・少将）、山下源太郎（10期・大将）、釜屋忠道（11期・中将）、上泉徳弥（12期・中将）、黒井悌次郎（13期・大将）、井内金太郎（13期・少将）、千坂智次郎（14期・中将）、釜屋六郎（14期・中将）、左近司政三（28期・中将）、大湊直太郎（29期・中将）、今村信次郎（30期・中将）、松浦松見（30期・中将）、倉賀野明（33期・少将）、片桐英吉（34期・中将）、平田昇（34期・中将）、名古屋十郎（34期・少将）、下村正助（35期・中将）、南雲忠一（36期・大将）、近藤英次郎（36期・中将）、山口実（36期・少将）、小林仁（38期・中将）、武田盛治（38期・中将）、山森亀之助（45期・少将）、山田勇助（48期・少将）、近野信雄（48期・少将）、入沢敏雄（機関・草創期・中将）、清水得一（機5期・中将）、氏家親治（機17期・少将）、鳥山雄蔵（機24期・少将）、芋川千秋（軍医・少将）、玉虫雄蔵（薬剤・少将）

【山形県（米沢以外）】二〇名

酒井忠利（草創期・少将）、矢島純吉（12期・中将）、佐藤鉄太郎（14期・中将）、中里重次（20期・中将）、上田吉次（26期・少将）、鈴木義尾（40期・中将）、寺岡謹平（40期・中将）、安倍孝壮（40期・中将）、山本善雄（47期・少将）、松本毅（45期・少将）、三浦速雄（45期・少将）、荘司喜一郎（45期・少将）、酒井原繁松（46期・少将）、川井巌（47期、少将）、青山英夫（51期・少将）、新本宿宅命（主計総監）、芹沢正人（主計少将）

【宮城県】三〇名

木村剛（15期・中将）、河田勝治（17期・中将）、斎藤七五郎（20期・中将）、山梨勝之進（25期・大将）、四竈孝輔（25期・中将）、遠藤格（28期・少将）、井上成美（37期・大将）、茂泉慎一（37期・中将）、千葉慶蔵（38期・少将）、保科善四郎（41期・中将）、菊地鶴治（41期・少将）、高橋亀四郎（49期・少将）、木村軍治（52期・少将）、岡崎貞伍（機2期・中将）、若生繁吉（機10期・少将）、大野俊彦（機16期）、片山清次（機16期・少将）、御宿好（機17期・中将）、須田稔（機17期・少将）、大野董（機20期・少将）、山口真澄（機22期・中将）、片平瑑治（機24期・少将）、笹野正人（軍医少将）、氏家孝次郎（軍医少将）、若生良穂（軍医中将）、須藤巖（軍医少将）、本間正人（軍医少将）、佐々木重蔵（主計中将）、紺野逸弥（主計中将）、田中寛（造船少将）

【青森県】一〇名

下平英太郎（17期・少将）、中村良三（27期・大将）、清藤徳弥（30期・少将）、毛内効（33期・少将）、鈴木嘉助（36期・少将）、福田貞三郎（40期・少将）、平出英夫（45期・少将）、栗田富太郎（機3期。少将）、秋元猛四郎（機8・9期・少将）、東海雄蔵（造船少将）

【福島県】二六名

角田秀松（草創期・中将）、出羽重遠（5期・大将）、新島一郎（5期・少将）、岩崎達人（6期・少将）、斎藤孝至（7期・中将）、菅野勇七（17期・少将）、松平保男（28期・少将）、常盤盛衛（30期・少将）、植松練磨（33期・少将）、佐藤三郎（34期・中将）、高橋伊望（36期・中将）、雪下勝美（36期・少将）、木幡行（37期・少将）、高木武雄（30期・大将）、古住徳三郎（40期・少将）、森徳治（40期・少将）、原田覚（41期・少将）、佐藤四郎（43期・少将）、菊池朝三（45期・少将）、鹿岡円平（49期・少将）、小野寺恕（機12期・少将）、本田増蔵（主計中将）、山口一（主計少将）、加藤信夫（主計少将）、中村茂雄（造幣少将）

【岩手県】二八名

斎藤実（6期・大将）、山屋他人（12期・大将）、栃内曽次郎（13期・大将）、佐藤皐蔵（18期・中将）、長沢直太郎（26期・中将）、小山田繁蔵（27期・中将）、島崎保三（27期・少将）、原敢二郎（28期・中将）、高橋寿太郎（28期・少将）、米内光政（29期・大将）、八角三郎（29期・中将）、本宿直次郎（30期・少将）、及川古志郎（31期・大将）、小森吉助、（31期・少将）、佐々木清恭（38期・少将）、畠山耕一郎（39期・中将）、原田清一（39期・中将）、工藤久八（39期・中将）、板垣盛（39期・少将）、阿部勝雄（40期・中将）、多田武雄（40期・中将）、中島省三郎（41期・中将）、上野敬三（41期・中将）、佐藤俊美（41期・少将）、菅原佐平（軍医中将）、中村［福田］

貞助（主計中将）、大松沢文平（主計中将）、佐藤強助（造幣少将）

【秋田県】六名

寺岡平吾（27期・少将）、後藤英次（37期・中将）、西村祥治（39期・中将）、相馬信四郎（42期・少将）、松野金治（軍医少将）、横見補一（主計少将）

米沢の場合、大正一〇年のワシントン軍縮会議以降、海兵の合格者数が急激に減少している。これは、都市部の旧制中学校が、海兵の入試対策に力を入れるようになったためである。大正九年、山形県西置賜《にしおきたま》郡の中核校として長井中学が創立されたため、昭和に入ると、長井中学からも数名、海兵合格者が出るようになった。米沢興譲館と長井中学出身の士官は、同じく旧上杉藩の出身者ということもあって、「米沢海軍武官会」の構成員になった。

旧長井中学出身者としては、戦後第一四代海上自衛隊護衛艦隊司令官を務めた清水清《しみずきよし》（昭和一四年長井中学卒、海兵七一期、海軍大尉。戦後自衛隊に入隊し、海将）がいる。この清水氏は、旧宮内町出身で、退官後は、旧海軍と海上自衛隊ＯＢの親睦団体である「水交会」の会長をされていたこともあり、筆者とは会合などでよく顔を会わせたものである。

当時海兵に合格するのは、一高に合格するよりも難しいとされていたため、海兵に合格することは地元の誇りでもあった。

海兵合格者には旧士族の子弟が多くいた。東北諸県の子弟、例えば米沢、庄内・仙台・岩手・秋田、福島、長岡などは、幕末維新期に「奥羽越列藩同盟」を結んだ関係もあって、非常に親しくしていた。縁戚関係にあった士官も実に多い。

親に資産がある長男の場合は、一高、東大、東京師範学校、あるいは慶応義塾大学などに進学できたが、継承すべき資産や田畑のない二、三男の場合は、立身出世のために海兵を選んだ。海兵に入学すれば、制服のみならず、作業着から下着類までの一切が支給されたし、さらに毎月手当まで支給された。これに加えて卒業に際しては、外国の諸都市を親善訪問する遠洋練習航海にも参加することができた。

陸軍は、山県有朋はじめ、児玉源太郎、桂太郎らの長州出身者が仕切っていたこともあって藩閥意識が濃厚にあったが、海軍の場合は、海軍士官育成のための学校制度が整っていなかった維新期こそ薩摩（鹿児島）出身者が多かったものの、初代海軍卿が旧幕臣の勝海舟だったこともあり、旧佐幕派の藩からも優秀な青年が続々海兵に入った。

艦はイデオロギーだけでは全く動かない。軍艦を操艦するためには、数学、物理学、機械工学、弾道学、天文・気象学などの近代文明の基礎知識が必須である。また海上のルールの多くは、慣習国際法に基礎を置いているから、海軍士官は皆国際人としてのマナーや行動様式を身に付ける必要があった。

海軍士官の昇進は、海軍大佐までは、海兵や海軍大学校の成績、すなわち卒業席次（俗にハンモック・ナンバーといわれるもの）によって決まった。このためクラスヘッド（卒業成績最上位者）を中心に、同期の士官たちは固く結束した。

大体海兵および海軍大学校の成績上位者は、卒後後海軍省や軍令部の要路に配属された。海軍士官の場合は、数年ごとに艦と陸上を交互に勤務しながら昇進するものであるが、一旦海軍省勤務、あるいは軍令部に補されると、それ以後も同様の部署に就く傾向があり、そのため

「派閥」とまでは言わないまでも、人脈が形成されることになった。

昭和五年のロンドン海軍軍縮条約以降、海軍内では「艦隊派」と「条約派」の抗争が激しくなったが、それまでは陸軍のような派閥抗争はあまりなく、概ね海軍大臣を中心にした一元的な統制が保たれていた。

米沢海軍で、将官に昇進した海軍士官は次の通りである。

［大将］三名。山下源太郎、黒井悌次郎、南雲忠一。

［中将］一六名。釜屋忠道、上泉徳弥、釜屋六郎、千坂智次郎、左近司政三、大湊直太郎、今村信次郎、松浦松見、片桐英吉、平田昇、下村正助、近藤英次郎、小林仁、武田盛治、入沢敏雄、清水得一。

［少将］一二名。井内金太郎、倉賀野明、名古屋十郎、山口実、山森亀之助、山田勇助、近野信雄、下條於兎丸《げじょうおとまる》、氏家親治、鳥山祐蔵、芋川千秋、玉虫雄蔵。

この中で長男は片桐英吉と小林仁ぐらいで、あとは全員二、三男である。

山下源太郎と黒井悌次郎の兄は、東京師範学校に進学して、彦根高等女学校長、松江高等女学校長にそれぞれ就任したように、東大、慶応、あるいは東京師範学校などへ進学した。

米沢盆地は、表日本の仙台と、裏日本の海港・新潟とのほぼ中間、北緯三八度、東経一四〇度の両線が交わる地域に広がっている。

明治初期の英国の女性旅行作家のイザベラ・バードは、『日本紀行(上)』の中で、十三峠の最後の難所である宇津峠を越えた時に見た置賜盆地の印象を、次のように書いている。

「その頂上から、雄大な米沢の平野をいそいそと眺めました。この平野は長さ三〇マイル［約四八キロ〕、幅が一〇から一八マイル〔約一六〜二九キロ〕あり、日本の庭園のひとつです。森があって川が流れ、豊かな町や村があちこちにあり、雄大な山々に囲まれ、その山々は必ずしもすべてが森林で覆われているのではないのです。そして平野南端には、七月中旬でも白雪を冠った山脈がそびえています。……米沢平野の南には繁栄する米沢の町があり、北には湯治客が多い温泉の町・赤湯があって、申し分のないエデンの園で(す)」(三一三〜三二〇頁)

山の頂からは、この地方の家々の様子は分からなかったであろうが、この地の旧家の多くは、置賜地方の方言で「たんなげ」といわれる小さな庭池があり、そこには真鯉が泳いでいる。

米沢市全景(米沢市提供)

海のない置賜地方では、冬季にタンパク質が摂れないため、上杉鷹山公の教えもあって食用鯉を飼う風習があった。したがって今もこの地方では、ご祝儀や盆と正月や祭礼の際には、各家庭の食卓に鯉のうま煮が並ぶ。

もう一つこの地方の特徴を挙げるとすれば、全国でも有数の豪雪地帯であることだ。

筆者が子供だった頃は、冬季になると米坂線や長井線にはよくラッセル車が出動したものである。したがってこの地方に住む人々の大雪が降った翌朝の挨拶は、決まって「今朝はラッセルが走ったべしたネ」で始まる。

それでは次に、幕末維新期における米沢藩の歴史を見ることにしよう。米沢藩が辿った歴史を知れば、なぜこの地から海軍士官が多く輩出したのかが理解できよう。

関ヶ原の戦の後、家康によって徳川幕府が開かれると、上杉家は会津一二〇万石から米沢三〇万石に減封された。さらにその後、第三代藩主の綱勝は継嗣のないまま逝去したため、その継嗣問題に絡んで一五万石に削られ、領地半減の憂き目に遭ってしまう。とはいっても藩祖謙信以来の越後武士の尚武の気風は薄れることはなく、藩財政の足枷となっている武士団もそのまま維持された。

したがってこうした士族の子息たちが、版籍奉還後、陸海軍に立身出世の途を求めたのは自然のことであり、「国家有為な人材養成」の場として、将校・士官の養成学校である「陸軍士官学校」や「海軍兵学校」が大いに注目されることになった。

また米沢には、藩校興譲館を中心に学問が普及し、家格を問わずに向学心の気風が横溢していた。幕末から明治初期にかけて米沢の地では、蘭学や医学、英学、兵学が振興し、合理的な実学思想も芽生えていた。

とは言っても朝敵の汚名を着せられた米沢藩の子弟が中央に進出するためには、新政府内に引き立て役がいる必要があった。その引き立て役を担ったのが旧幕臣の勝海舟である。そして海舟の謦咳《けいがい》によって覚醒した米沢藩士宮島誠一郎の存在があった。

慶応四年二月以降、宮島誠一郎は、米沢藩の探索方として、京都を中心に西国諸藩の動静を探っていた。ある時、誠一郎は土佐の「海援隊」の一少年と出会った。その時に受けた感動を、誠一郎は、同年四月二四日付『戊辰日記』の中で、次のように書いている。

「長崎エ海援隊弐十人出勢致居候ヨシ。此隊ハ皇国尽忠ノ志有之者ハ諸藩人脱客ト雖モ士藩ノ名ヲ借シ候ヨシ。尤隊長ニ生殺ノ権ヲ与エ候ヨシ。且外国交際ヨリ海軍航海又ハ皇国海中諸島ノ懇開、総テ此隊ニテ修行致候由。又陸援隊有之候由。此ハ御国内長崎ヨリ江戸ヘ蒸気車ヲ仕掛候事ヨリ、琵琶湖ヲ截抜《きりぬき》海水通融、湖上エ蒸気船ヲ浮候事ヨリ淀川筋堀切、蒸気船ヲ通シ候事ヨリ此等ノ事件又ハ蝦夷地開拓等ノ儀ハ尽ク此手ニテ致候事ナリ云々。嗚呼我輩眼孔如豆。土藩生十九才ヨリ十五才ノ少年生ノ話ニ付テ感発致候事」（二一～一二頁）

この記述からもわかるように、誠一郎は西南雄藩の子弟の雄大な計画と卓見について大いに感服すると同時に、東北人の視野の狭さも感じ取ったのである。

慶応四年六月、太政官への嘆願書奏聞の一件で、海舟との親交が拓けた宮島誠一郎は、海舟の求めに応じて、米沢の優秀な青年たちを海軍に送り込むことにした。

他藩の脱藩者であっても、「皇国尽忠ノ志有之者」は土佐藩扱いとしている鷹揚さや、外交、航海、開墾等、西欧の科学的思考をふんだんに取り入れた斬新さなどに誠一郎は感じ入った。

戊辰戦争で米沢藩は、仙台藩と共に「奥羽越列藩同盟」の盟主として政府軍と干戈を交えたが、九月には帰順降伏した。以後米沢藩は、新政府軍の先鋒となって出陣し、奥羽列藩の降伏に骨を折ることになった。しかしながら一二月、藩主上杉斉憲の隠居と領地四万石の召上げ処分を受けてしまう。

このような激動の時期を、宮島誠一郎は、京都探索方や嘆願書奏聞の使者、藩主の東京出府の先払いとなって奔走し、列藩同盟の成立や、建白書の提出、さらには戦後処理などに携わった。誠一郎は、京都や江戸において、他藩士および勝海舟、榎本武揚、山岡鉄舟ら旧幕臣らと談合を重ねた。こうした中で醸成された誠一郎の考え方が、激動の維新期に米沢藩を主導していくことになった。

さて宮島誠一郎は、天保九（一八三八）年七月六日、宮島一郎左衛門吉利（号は一瓢）と、田瀧甚蔵の娘・宇乃との間の長男として、米沢城下猪苗代片町（現・西大通り二丁目）で生まれた。宮島家は五十騎組の家柄で、米沢藩では中士階級に属していた。

一〇歳の頃、藩校興譲館に入って経書や史書を学び、嘉永五（一八五二）年頃、藩の砲術家浅間厚斎に入門して砲術を学んだ。誠一郎は、翌年のペリー艦隊による黒船来航により藩内に編成された抜刀龍隊に編入され、軍制改革に関わった。しかし当時流行の攘夷思想に染まることはなく、武備を整えて諸外国に対峙すべきあるとの考え方を持っていた。

文久三年、将軍徳川家茂は朝廷よりの再三の要求によって、家光以来二〇〇年ぶりの上洛を余儀なくされたが、古例にのっとり上杉藩も将軍上洛の随伴を申し出た。誠一郎は家督相続前であったため、父吉利の随員の資格でこれに参加した。

同年元日、藩主上杉斉憲の出発を見届けた誠一郎は、正月九日、家老千坂高明に随って出立し、江戸藩邸において父と再会した後、二月一〇日、揃って入京した。

当時京都では、長州藩とそれを支持する姉小路公知や三条実美ら尊攘派の公卿が朝政を壟断したため、孝明天皇の不興を買っていた。そんな中で上杉斉憲は、鳥取藩主池田慶徳や岡山藩主池田茂政、徳島藩主蜂須賀茂韶《もちあき》らと共に関白鷹司輔熙に呼び出されて、孝明天皇の攘夷親征と大和行幸の是非を諮問されることになった。

こうした緊迫した状況にあって誠一郎は、「公武一和」と「攘夷不可」の建議を上申した。

この直後に起きた「八月十八日の政変」によって、長州系の尊攘派は、京都から一掃された。この事件前後から、誠一郎は薩摩藩と共に、この政変を主導した会津藩公用方秋月悌次郎や広沢富次郎らと接触したため、その名は一躍各藩に知られるようになった。

維新後、誠一郎は勝海舟の紹介で大久保利通と面会した。この辺りから誠一郎と吉井友美や黒田清隆らとの交際が始まった。

明治三年一月、誠一郎は、待詔院下院（建白書受理機関）出仕、同四年、廃藩置県に伴う太政官制改革によって左院（立法上の諮問機関）が設置されると左院少議官に就任し、「立国建議」を建白した。同八年、誠一郎は正院内史に就任し、同一〇年修史館御用掛、同一二年兼宮内省御用掛等を歴任し、明治一七年、「明治十四年の政変」の後に新設の参事院議官補に任じられ、その後華族局主事、二一年爵位局主事補、二二年爵位局主事、二九年貴族院議員に勅任した。

宮島誠一郎の系譜を見れば、米沢はもちろんのこと、長岡や仙台にまで、縁戚関係が及んでいることが判る。宮島誠一郎の『戊辰日記』には、米沢藩を中心とする奥羽諸藩の動静が、本人の見聞や関係者の風評を交えて、臨場感豊かに記述されている。

四竈孝輔（仙台）は、宮島誠一郎の女婿（五女竹子の夫）であり、山下源太郎の嗣子である山下知彦（旧姓水野、四〇期、大佐）の伯母わきは、黒井悌次郎の妹に当たり、黒井悌次郎は山下源太郎と徳子の媒酌人を務めている。

また山下知彦の伯母の亀久《きく》は会津の三橋康守に嫁ぎ、その三女の礼子は後の山本五十六元帥夫人となる。この時の媒酌人は四竈孝輔が務めている。

五十六の無二の親友だった堀悌吉少将の婚礼の際も、四竈が媒酌人を務めた。しかも堀悌吉の最初の夫人は当時流行していた腸チフスのため急死したため、堀の再婚に際にも、四竈が媒酌人を再び務めた。四竈孝輔にとって五十六と堀悌吉の両人は、愛すべき期待の後輩だった。

さらに義理の関係も含めて、親子、兄弟、伯父甥の関係を示すと次のようになる。

米沢海軍士官(生徒)	関係
馬場新八(少佐)／入沢敏雄(中将)	兄・弟(馬場夫人が入沢の姉)
古海長義(文官)／石原忠俊(少佐)	兄・弟
山下源太郎(大将)／山下知彦(大佐)	親・子
上泉徳弥(中将)／山下源太郎(大将)	兄・弟
黒井悌次郎(大将)／黒井　明(少佐)	叔父・甥
釜屋忠道(中将)／釜屋六郎(中将)	兄・弟
釜屋忠道(中将)・釜屋六郎(中将)／青木美雄(軍医大佐)	叔父・甥
井内金太郎(少将)／井内　宏(生徒)	祖父・孫
名古屋為毅(大佐)／名古屋十郎(少将)	兄・弟
関才右衛門(大佐)／左近司政三(中将)	兄・弟
関才右衛門(大佐)／関　衛(中佐)	親・子
下村忠助(中佐)／下村正助(中将)	兄・弟

南雲忠一（大将）／南雲進（中尉）・南雲正（生徒）・南雲明（生徒）	親子・兄弟
下篠於兎丸（少将）／下篠小三郎（中佐）	兄・弟
大瀧道助（中佐）／片桐英吉（中将）	従兄弟
片桐英吉（中将）／山口三郎（中佐）	兄・弟
山口　実（少将）／山口三郎（中佐）	兄・弟
小林　仁（中将）／青木厚一（少佐）	親・子
山下知彦（大佐）／武田盛治（中将）	兄・弟（妻が知彦の妻）
遠山小太郎（少尉）／遠山彦次（大佐）	兄・弟
寺島宇瑳美（中佐）／寺島美行（中佐）	兄・弟
黒井悌次郎（大将）／湯野川忠一（大佐）	伯父・甥（母が黒井の妹）
湯野川忠一（大佐）／湯野川守正（大尉）	親・子
和田三郎（大佐）／和田五郎（大佐）／小田切政徳（大佐）	兄・弟
山森亀之助（少将）／山森康志（中尉）	親・子
勝見　基（大佐）／勝見五郎（中佐）	兄・弟
亀田寛見（大佐）／亀田近厚（少尉）	叔父・甥
大島一太郎（大佐）／大島正武（生徒）	親・子
近藤道雄（中佐）／近藤鉄雄（生徒）	親・子
大関哲秀（少佐）／遠藤光男（少尉）	兄・弟

以上は、米沢・置賜出身者だけの親子や姻戚関係であるが、これに旧奥羽越列藩同盟だった仙台（宮城）、庄内、長岡、福島、岩手との間でも、多角的な姻戚関係が形成された。

「米沢有為会」の創設

明治二年二月六日、米沢藩公用人の小川源太郎は、米沢の政治改革の手順について助言を仰ぐために、宮島誠一郎の案内で勝海舟邸を訪ねた。

この頃、版籍奉還をめぐって米沢藩の要人の間では、天下の形勢上これを止むを得ぬとする者と時機尚早とする者との間で紛糾していたが、六月一七日、藩主上杉茂憲は、海舟や誠一郎の助言を容れて、版籍奉還に応じて新政府の傘下に入ることにした。

戊辰戦争の終息、そして版籍奉還や廃藩置県などによって、藩の体質は大きく変わった。格式と門閥にしがみついて藩の要職にあった大身たちに代わって、宮島誠一郎ら中級藩士が指導的役割を果たすようになった。しかし、旧藩体制が崩れても、米沢藩では最後の藩主上杉茂憲と旧藩士との協力関係は変わらず続いていた。

慶応三年、二六歳で国家老に抜擢され、戊辰戦争では米沢軍の総督に推挙された千坂高雅は、保守的な大身の中にあっても進歩的な考え方を持っており、弱冠一九歳の平田東助の建言を容れ、英学を通して西洋の学術文化を採り入れるべく藩費による東京遊学を復活した。高雅は、「千坂ありて上杉在り、上杉ありて千坂在り」という千坂家の遺訓を忠実に守り、戦争責任を

上杉茂憲（米沢市上杉博物館提供）

一身に担って上杉家を庇《かば》うとともに、従来の藩体制への若い批判勢力の結集を図った。

明治四年、廃藩置県が実施されると、上杉家は東京へ移住した。その際君臣離別の記念として、年来の蓄財を士族に分け与えることにした。具体的には、一戸につき一〇両の金と籾三俵を与え、さらに士族一般には、山林等の処分代金一七万両と籾一〇万俵を与えた。この資金を基に、旧士族によって結社されたのが「義社」である。

また藩校である興譲館の将来についても配慮をめぐらし、その運営費として二万五〇〇〇両を寄付した。その後も上杉家からは教育資金や補助が続いた。旧藩主の心底には、「人民は国家のための人民であり、君主は人民のための君主」と説いた上杉鷹山公の「伝国の辞」の精神が流れていた。

旧家臣団もまた旧藩主の意向を受けて、旧領民に対して善導を尽くしながらも、国家の有為な人材となって、その期待に応えようとした。

明治一四年五月、上杉茂憲は第二代沖縄県令に任命された。

当時上杉家の相談役だった宮島誠一郎、中條政恒、小田切盛徳、森長義、および海軍省で枢要な地位にあった小森沢長政らは、旧藩主の県令就任を祝うとともに、三ヵ条からなる赤誠溢れる献議書を認《したた》めた。その中で、「特に金のことは心配することなく、沖縄県民の教育には金は惜しまぬこと」を要望した。

茂憲の県令在任期間は二年だったが、その間に沖縄全島を視察し、県費による第一回東京遊学を実現した。この時の遊学生五名の中には、沖縄で最初の高等官に昇進し、明治二五年奈良原繁知事の暴政を批判して沖縄県民の国政参加の運動を展開した自由民権運動家の謝花昇や、琉球新報社を興した太田朝敷らがいた。

県費留学生制度を置土産に帰京した茂憲は、教育の重要性を痛切に感じていた。そこで明治一七年一〇月三〇日、相談人の千坂、中條、宮島、小田切、小森沢、池田成章の他に、特に東京外国語学校長内村良蔵と文部一等属の山田行元らを招いて、米沢出身の子弟に対する大学修学奨学金について協議するよう依頼した。この時茂憲は、上杉家より年額一〇〇〇円を支出して、毎年二名程度修学させようという腹案を持っていた。

さらに、茂憲はこの教育資金支出について、その趣旨が誤解されないようにとの配慮から、次のように認《したた》めた紙を手渡した。

「抑《そもそも》米沢は祖先以来積年相親しみ来候人民なれば、その地を離るるの今日に至りても猶その善を見て喜び、その悪を聞て憂ふるの切なるは止むを得ざる人情なり。我等従来その子弟を教育し、国家有用の人材を養成せんと欲する事久し、未だその事を果たさず。今回些少の学費を捐《す》てその素志を果たさんとす」(『上杉家御年譜二十一』)

この上杉家支出の奨学金をめぐっては、米沢の有志からも拠出金を募って、上杉家出資分と合せて団体を組織してはどうかとの意見が出されたため、さらに検討を重ねた結果、東京と米沢合併の組織にすることにした。この結果、上杉家から毎年一〇〇〇円、一〇年間で合計一万円を出資することが了承され、明治一八年六月、「米沢教育会」が発足した。

同郷の後進の育英事業を積極的に推進する茂憲は、他方では安積開拓に生命を懸けたかつての学友の中條政恒の東北開拓社に対しても、俸給より毎月五〇〇円を送金した。

これが発火点となって、明治二二年一一月、郷土愛を土台に、相互の親睦と切磋琢磨を目的に共存共栄を図らんとする同郷人組織である「米沢有為会」が結成されることになった（松野良寅「米沢有為会　百年のあゆみ」）。

黒井悌次郎は、日清戦争に大尉として従軍した際、大本営御用掛としての勲功が認められて、功五級の金鵄勲章を受章し、年金五〇〇円を拝受した。その際黒井はその一部の一〇〇円を、盆地生まれの後輩たちの修学旅行の足しにと寄付した。

明治三〇年七月、米沢中学の五年生二〇余名が、日光・京浜方面へ第一回の修学旅行を実施した。その中に、後に海軍中将に昇進する松浦松見の姿もあった。修学旅行に参加した生徒全員が、麻布の黒井大尉の自宅の庭の石に腰を掛けて蕎麦の饗応に預かったが、松浦は、その際米国より帰省した兄の松浦松胤（弟の忠次郎と元米沢英和女学校校長だったM・K・アトキンソンとの結婚式に参列するために渡米）から、海上での痛快な話を聞き、俄然海軍へ志願することを決意した。

五年生の秋、松見は、兄が教職に就くのと入れ違いに東京に出て、ここで初めて自分の学業が大いに遅れていることを覚った。以来猛烈に勉強した松見は、翌年の海兵の試験には失敗したものの、海兵受験の予備校として有名だった攻玉社中学の五年生のクラスに入り、一段と研鑽を積んで再度受験をし、ようやく合格を果たすことができた。

米沢中学時代、松見の一年後輩に当たる今村信次郎（三〇期、中将）は、長沢直太郎中将（二六期）宛の書簡において、次のように述べている。

「明治三一年春、中学五年の時、上泉先生（上泉徳弥の義兄直蔵）引率の下、江ノ島方面まで修学旅行があり、横須賀軍港の見学がありました。上泉閣下は水雷団御勤務との事で、他の米沢出身海軍士官と共に、先頭に立って海軍工廠など案内して下さいました。……其の時一行に対して、特に金一封の御寄付があり、窮屈な修学旅行も無事に済ませることが出来ました。当時海軍志願者に対しては、上泉閣下を始め、米沢出身海軍士官にて『武官会』を組織せられ、毎月の俸給の中から出金せられて、学資の一部を供与せられて居りましたが、其の恩恵は多数に上り、私も其の一人でありました」（『上泉徳弥伝』）

この書簡には、維新期の逆境にありながら再起を期さんとする、旧米沢藩士たちの熱き思いが示されている。

米沢藩士を海軍に橋渡しした宮島誠一郎の『戊辰日記』

米沢海軍の誕生に大きく貢献することになる米沢藩士宮島誠一郎の『戊辰日記』には、幕末維新期における米沢藩を中心とする奥羽諸藩の動静が、生き生きと記されている。

慶応三年一二月九日の「王政復古の大号令」で諸藩に出された上洛命令が米沢に届いたのは一二月二七日のことで、その翌日には上洛することを決定した。ところが大晦日の夜、庄内藩による「江戸の薩摩藩邸襲撃」の急報があったため、徹夜の協議の結果、明けて慶応四年元旦「御上坂」と決した。

米沢藩首脳に対する誠一郎の活躍は、この辺りから本格化する。

一月三日、学館（藩校興譲館）での諸行事終了後、誠一郎は松本誠蔵、釘久《たたらひさし》の両人と内談した結果、仙台藩に先立って米沢藩が上洛を決めることは国家の安危に関わるとして、夜中に家老千坂太郎衛門に面談を求めて、上坂決定の真意を質した。千坂は、「トント御決意、竹俣（当綱）大夫（奉行のこと）上坂ノ上ハ、騎虎ノ勢止ムヲ得ヌ」として、仙台へは上坂後に使者を派遣すると答えた。

藩侯の徳川に対する頑《かたくな》な信義を憂慮する誠一郎は、一月七日付の日記に慶喜批判の記事を書いて、虫のいい慶喜の挙措に対して、次のように憤懣をぶちまけている。

「先帝ノ叡旨ヲ矯《たのん》テ兵庫ヲ開港シ、肥後、土佐両藩ノ尽力ヲ水泡ニシ、遂ニ今般自ラ征夷戦ヲ解テ京洛ヲ棄テ大坂ニ到リ、奏聞状ト号シテ一通ノ檄文ヲ諸藩ニ廻シ、今日ノ形勢ニ至リ候事、自侮テ、自敗テ人敗之ト中スモノ也。今ノ将軍ハ即チ徳川ノ罪人ニシテ譜代恩顧ノ大名モ皆離反スルニ至レリ」（『戊辰日記』三七〜三八頁）

鳥羽・伏見の戦いにおける幕府軍敗北の速報は、一月一三日、米沢に届いた。斉憲は真偽不明のまま、一五日、総勢一四〇〇名の将兵を率いて出発したが、福島に達した時に大坂落城の報に接した。このため急遽藩侯の御前で、千坂、竹俣らによる重臣会議が開かれた結果、全軍米沢に引き上げることになった。

こうした経緯について、誠一郎は、佐幕派参戦に対する悲観的見通しや、藩首脳陣に対して、次のように辛辣に批判した。

「嗚《あ》呼《あ》米沢モ最早有為人材ハ無之哉。御先祖様ノ御武威、鷹山公ノ御文徳モ相尽キ候哉。嗚呼返スヾスモ君上ノ御心中ハ如何計御痛慮被成候事ト実ニ残念至極ニ不堪。嗚呼々々」

（『戊辰日記』三八〜三九頁）

宮島誠一郎

一月二〇日、千坂の上洛に際して誠一郎は、探索方の名代として同行し、三月一八日、京都に到着した。その後閏四月一八日に米沢から「会津征討先鋒軍下命」の急報が届くまで、誠一郎の周辺にはさほど緊迫した空気はなかった。

閏四月四日、誠一郎は参与の広沢兵助(真臣)から、「会津藩説諭は奥羽列藩に一任」という言質を得て、閏四月一〇日、京都を発ち、八日間で北陸道を駆け抜けて、一八日、米沢に到着した。

その数日前、会津藩家老の謝罪嘆願書と、仙台藩主伊達慶邦、米沢藩主上杉斉憲の添え状が奥羽鎮撫総督九条道孝に提出されたが、総督府下参謀世良修蔵によって却下されていた。新政府軍に攻められれば応戦するが、こちら側からは手を出さないとする米沢藩の方針に対する世良の不遜な態度に激昂した仙台藩は、先手を取って攻める路線に変更した。両藩の齟齬を解消するため、米沢藩は藩主斉憲自ら出向いていた奥羽列藩会議開催中の白石城に、急遽誠一郎を派遣することにした。

二〇日、列藩会議に出席した誠一郎は、終了後京の情勢について知りたいという仙台藩家老但木土佐と坂英力の要請によって、別室に通された。

席上誠一郎は、出先の総督に却下されたからといって、朝敵の汚名を着せられた会津藩に与して新政府軍との戦争に踏み切るようでは、無謀の暴挙と受け取られかねず、肥前・肥後・加賀・紀州・越前・土佐・長州など有志諸藩の応援を期待することも出来ない。したがって、ここはまず京都の太政官に奥羽列藩の建白書を提出すべきである。もしこれが採用されなければ、今の朝廷が無道で、真の王政でないことが明らかとなり、有志諸藩の疑惑を深めることになる。

その時こそ奥羽列藩が連合して兵を挙げるべきであると主張した。

これを聴いた但木と坂の両名は、無謀な戦争が好ましくないとの意見はその通りであっても、最早時勢は切迫しており、太政官に奏聞してその返答を待っている時間はないとして、消極的態度を示した。同席した仙台藩士たちからは誠一郎に対して、「足下輩恐ラク其ノ術中ニ陥落（した）」とか「新政府ノ間諜」などの罵詈雑言が飛んだ。そこで誠一郎は大声を発して、一気呵成に次のように述べた。

「名義ノ存スル所ハ即チ官軍、無キ所ハ賊軍ナリ。足下輩仙米ヲ首トシ諸藩ヲ会合シテ、今日会津謝罪ノ取扱ヲ為シ、僅ニ出先ノ乳公卿ニ依頼シテ、此大事ヲ進退シ、一回モ京師太政官ニ奏聞スルコトナシ。抑何等ノ所業ゾ。参謀ノ壅閉トハ何事ゾ。此ノ歴々東方諸藩相会シテ未ダ一人ノ使節ダニ奏聞スルヲ聞カズ。若シ我ニ十分ノ条理アラバ速ニ京師ニ奏聞スベシ」（『戊辰日記』一四九〜一五〇頁）

一座が騒然としている最中、仙台藩士瀬上主膳の手によって世良修蔵が殺害されたとの急報が飛び込んできた。

「此報道達スルヤ万座人皆万歳ヲ唱エ、悪逆天誅遁ル可カラズ。愉快々々ノ声一斉止マズ」藩士による世良暗殺計画は仙台藩当局の知るところでもあり、但木もこれを承認していた。

「悪逆天誅　愉快々々！」などと沸き立つ中、誠一郎は、「京摂ノ辛労モ一瞬水泡ト相成リ、唯々浩歎アル而已」と一人悲嘆にくれた（『戊辰日記』一四九〜一五〇頁）。

閏四月二三日、誠一郎の工作によって、仙台藩の強硬路線は何とか回避され、奥羽諸藩は、朝廷へ直接建白を行う方針の下に、「白石盟約書」が調印された。仙台藩儒者大槻磐渓起草による建白書は過激であったため、誠一郎が表現を改め、米沢藩主導の穏健路線で、五月三日、奥羽列藩同盟が結ばれた。のちにこれに北陸諸藩が加わって奥羽越列藩同盟へと発展する。

誠一郎の懸命の説得の結果、太政官への建白の件は承認され、仙台藩坂英力（正使）、笠原中務、太田盛、米沢藩庄田総五郎（正使）、および誠一郎らが使者に任命された。

慶応四年五月二八日、一行は松島湾寒風沢《さぶさわ》を出港し、五月三〇日夕刻、品川沖に到着した。早速幕府軍艦海開陽丸において、誠一郎は榎本釜次郎（武揚）と初対面をなし、夜更けまで話し合った。

以来誠一郎は、約二ヶ月間江戸に在府することになったが、その間に生涯で最も影響を受けることになる勝海舟との出会いがあった。六月二日、誠一郎は太田と同道して海舟邸を訪ね、会津藩の謝罪の意思や奥羽諸藩の現状を詳細に説明して、太政官建白奏聞の是非について質した。

太政官建白によって名義を立て、その上で薩摩藩との戦争に及ばんとする誠一郎に対して、海舟は慎重な態度を示し、「今後三〇日経たぬうちに奥羽は焦土となるであろうが、列藩の願意はその時に初めて受け入れられるであろう」と皮肉な予言をした。続けて海舟は、「聞くところによれば、近く薩摩藩の小松帯刀が京都から江戸に下向して来ると言う。小松は西郷、大久保ほどではないにせよ、老練な人物であるから、頃合いを見計らって彼にこの件を周旋させてはどうか」と勧めた。

海舟は、太政官建白が有効であるか否かの以前に、奥羽列藩による会津嘆願そのものに疑問を抱いていた。

海舟を前にして、誠一郎は口を極めて慶喜を非難した。これを海舟は黙ってじっと聞いていたが、終わると「それだけか……」と言い、堰を切ったように「奥羽の腰抜けが、ソンナ事で飯を喰ってる」と奥羽列藩の態度を厳しく批判した。

海舟は、早晩列藩同盟軍は敗れると見ていた。それは単に軍事力云々ではなく、奥州列藩の人材の乏しさを見取っていたからである。奥羽は「小是」に固執して、「大是」に思いを致すものがなく、それゆえに敗れると海舟は断言したのである。

ちなみに、海舟が言う「小是」とは藩への忠義のことであり、「大是」とは皇国への忠義のことである。すなわち、封建体制の論理は、今や自藩第一主義を正当化するだけの「鎖国の陋習」に過ぎず、それに固執する限りは「大是」を知らず、「メシを喰うこと」、すなわち自藩を維持することに汲々となるというのであった（友田昌宏『東北の幕末維新』一四三～一四四頁）。

これ以降、誠一郎は海舟の考え方に深く傾倒することになった。

さて誠一郎と太田は、なおも江戸において建白書提出の機会を探っていたが、その見込みは保証の限りでないと、坂と庄田に伝えると、両人とも「それで十分」と半ば諦め顔で応えた。

六月七日、仙米両藩の正使である坂と庄田は、「攻守の手配」のため、大江丸で帰途に就いた。六月一〇日、誠一郎は再び海舟の許を訪れた。その際海舟は、後藤象二郎、小松帯刀、木戸準一郎に宛てた添状に、次のように認《したた》めた。

「奥羽は北の要の地であり、ロシアはその虚を伺い、併呑を眩んでいるように見受けられる。もし困窮した民がロシアに通じた時には、奥羽は皇国の地ではなく、ひいては皇国は朝廷のものではなくなり、四分五裂、清国やインドの二の舞となるであろう。このような皇国の危機に際しては、全国が一致協力して国体を定める必要がある」

海舟は、皇国を護るための全国一致の国体、すなわち中央集権体制への移行を考えていたのである（友田、前掲書、一四四〜一四五頁）。

建白書提出の機会はなかなか訪れなかった。このため誠一郎は再度京を目指すことにした。京へ上るため誠一郎らが乗った便船が横浜を出港したのは七月二八日のことである。ところがこの頃、建白書を取り巻く状況はさらに厳しくなっていた。

太政官建白は、戦争の回避を求めながら同盟軍が力戦を遂げてこそ、その効果は発揮されるはずであったが、同盟軍は敗戦を繰り返して劣勢に立たされていたため、太政官建白の見込みは、ほとんど無くなっていた。

それでも誠一郎は、土佐藩留守居役下村銈太郎《けいたろう》を通じて、建白書の太政官への上呈を依頼し、八月一二日、米国船ニューヨーク号で横浜に帰着した。九月二日、誠一郎は海舟邸を訪問して、上呈の顛末を詳しく報告した。

その後誠一郎は、九月一一日ようやく福島本陣まで辿り着いた。ここで甘粕参謀、佐藤軍配頭（孫兵衛・忠恕）、大滝六老（新蔵）、坂蘭渓《ばんらんけい》らと出会った。安堵するのも束の間、弟猪吉の死を知らされ落胆した。

九月一二日、誠一郎は登城後家族と再会した。この時の模様を、日記には次のように記している。

「先両親御無事欣々然ノ御慈顔拝謁仕リ、無此上恐悦ニ候事。妻児モ無事。余程嫡子モ長リ園中草木目ニ触レ候者尽ク珍敷《めずらしく》、扨々《さてさて》万死ヨリ一生ヲ得帰リ候事、誠ニ々々難有神明ノ助ケナリ」

朝廷の裁断が下る前、誠一郎は終戦処理に当たる使者として活躍したが、探索方時代に培った冷静で理知的な判断が大いに発揮された。

その頃、藩の首脳たちは、官軍の評判に神経を尖らせていた。米沢藩にとっては、親藩の秋月・土佐両藩が最大の頼りであったが、その助言は必ずしも的確なものばかりではなかった。

一一月中旬、家老の中條豊前や庄田総五郎らは、藩侯出府の先発使者である誠一郎を交えて協議した結果、次の二策にまとまった。

（１）箱館五稜郭の榎本討伐軍に参加して、米沢軍の忠誠を示す。

（２）奥羽諸藩の罪を一身に受ける「奥羽有罪在一身」の建白書を上呈する。

上記（１）の箱館出兵の件は、行政当局からその要請の有無を、秋月藩を通して質してきたことに起因していた。しかしながら庄内遠征直後の米沢藩には、箱館に出兵する余裕など全くなかった。甘粕参謀らは、秋月家に対する気兼ねや、恩典目当ての箱館出兵のような見え透いた考え方をする在京要人たちに不信感を抱いた。

この時誠一郎は、箱館出兵と建白書上呈の可否について、秋月と土佐両藩に打診する使者役を命ぜられた。

一一月二四日から三日間、誠一郎は海舟邸に日参して、その意向を質した。

海舟は、「米沢藩が箱館出兵で実効を立てたいとは、とりもなおさず飯を食う（社稷＝藩の維持）ため、最初の奥羽連衡もそうであった。それ故三〇日で戦争は終結すると言ったのである。人を殺さぬ算段が立つならば、出兵も結構、人を殺すは下策である。我が徳川家の出兵はそれと大いに異なる。もっとも一戦すれば、さすがの奥羽も目が醒めるであろう。出兵して実行を立てさせた上で、何とか首をつなげる程度に飯でも喰わせて、奮い立つように仕向けるのも良いかもしれない。土佐の山内容堂の意を打診してみてはどうか」などと言った。

ところが土佐藩は出兵自体に消極的であり、これを米沢藩に勧めたのは高鍋藩であった。そのことを誠一郎が説明すると、海舟は「高鍋を相手にしたところで一体何が成就できようか。仙台も米沢も旧幕府も皆同じで、口を開けば寛大な論を主張する」と言い捨てた。

翌日、誠一郎は「奥羽有罪在一身」についての意見を求めて、再び海舟の許を訪れた。

誠一郎から嘆願書の草稿を示された海舟は、その趣旨には賛成するものの、諸藩に対して真に慚愧に堪えぬという所からの嘆願でなければならぬと語った。

二六日、国許の甘粕継成から、箱館出兵反対の意見書が届いた。それによれば、国許の議論は出兵反対で固まっている、とのことであった。折しも高鍋藩からも「箱館出兵はその儀に及ばず」という新政府の命が伝達された。このため、いよいよ「奥羽有罪在一身」一本に絞られることになった（友田、前掲書、一七六頁）。

二九日、誠一郎は土佐藩邸を訪れて、毛利恭介に面会を求めた。毛利はすぐに、「奥羽有罪一身」の嘆願書を、山内豊信に取り次いだ。この時豊信は、毛利と下村銈太郎に意見を求めたが、両名とも「時機既に遅し」との意見であり、これに豊信も同意した。毛利はこのことを誠一郎に伝えた。

誠一郎は高鍋藩とも相談すると言って、一旦保留にして、翌日再び土佐藩邸を訪れると、下村は誠一郎に対して、「奥羽有罪在一身」は既に時期遅れだとした上で、重ねて「これほどの天下国家の大事、弁事くらいの秋月に反対されたといって延引するようでは、嘆願は最初から虚飾であり、貴藩には人を感動させるに足るだけ至誠は無かったとみなされるであろう。よって今は機会の前後を顧みず、真実、己一人を罪して諸藩の寛典を請うという大義をもって弁事役所に哀訴されたい」と述べた（友田、前掲書、一七七頁）。

ここにおいて奥羽処分は、天下国家の大事で、それを思っての嘆願であれば、事の成否を顧みることなくこれを貫徹すべしと言うことが、誠一郎の堅い信念になった。

翌一二月一日、誠一郎は木滑要人、庄田惣五郎らを前に、下村の言を伝え、断じて「奥羽有罪在一身」の嘆願を差し出すべきことを強く訴えた。翌二日、米沢藩は弁事役所を通じて、「奥羽有罪在一身」の嘆願書を太政官に提出した。

奥羽処分は、天皇が京都に還幸する直前の一二月七日に下された。これによると米沢藩の処分は藩主斉憲の隠居と四万石の削封であり、仙台藩に並ぶ同盟の盟主にしては比較的寛大なものであった。

翌日誠一郎は、徳川宗家が静岡七〇万石に転封になるのに伴い海舟の静岡への出立も間近いと聞き、その滞在先の赤坂紀州藩邸を訪れた。この際、海舟から、彼が徳川の公議人に示したという書付を見せられた。

「戦国の英雄たちの目は、もっぱら国内一家の興廃に向けられていた。だが今国内の是非得失を争っているようでは、インドや清国の覆轍をふむことになろう。同族間で小是非を争うのは皇国の大勢を知らぬ者であり、鎖国の陋習から決して免れることは出来ない。目前の利害に惑わされて皇国を傷つけることは私の決してとらぬところである」と書かれており、さらに次のようにも記されていた。

「およそ議論高尚にして行いえないものは、単なる書生の空論であって、真の知者の言ではない。実際の行動が伴ってこその論である。私の陳腐な説など世人は笑って取り上げようともしないが、私はこれを実行に移してきた。他からの猜疑や疑念を恐れて、どうして大是を見極めることができよう」

海舟の言説を聴くことによって、誠一郎は、国家が藩を超える忠誠の対象となることを悟るのである。

慶応四年六月、太政官嘆願書の一件以来結ばれた勝海舟と宮島誠一郎の親交関係が、米沢の青年たちを海軍に進出させる直接の契機となった。「今ヤ東国ニ人才アルヲ聞カズ」と、一度は東北諸藩を見限った海舟が、なぜ米沢に対して支援を惜しまなかったのかと考える時、そこには海舟に兄事した誠一郎の人才に惚れ込んだことがあった。

黎明期の「米沢海軍」の人脈

黎明期の日本海軍に、米沢から入った者は次の八名である。

①曽根俊虎（海軍大尉）　②小森沢長政（海軍大書記官）　③下條正雄（海軍主計大監）
④古海長義（海軍主計少監）　⑤門屋道四郎（海軍大尉）　⑥本間秀周（海軍大尉）
⑦丸山孝一郎（海軍少尉）　⑧高橋秀松（薬剤中監）

なお、②小森沢長政については次項で詳述する。残りの七名について以下に紹介したい。

①曽根俊虎は、旧米沢藩士ではなく、もともとは学究の徒である。英学に関心が深かった曽根は、戊辰戦争渦中の慶応四年から明治二年にかけて、英学教師として米沢藩に迎えられた渡辺洪基について米沢で英学を修め、次いで東京麻布の上杉邸にいた甘糟継成を頼って、吉田賢輔について英学を修めた。

その後、明治四年海軍に入った。東京丸乗組を申しつけられたのが明治四年一二月九日で、その半年後の明治五年六月、海軍少尉に任官した。

明治六年三月、曽根は外務卿副島種臣全権公使に随行して龍驤艦で清国に渡った。同年一二月海軍中尉に進級し、海軍省勤務を経て明治七年九月二日から八年一二月一五日まで清国上海に派遣され、翌九年二月から一〇年一二月まで再度清国に滞在して、中国事情を視察した。明治一一年一月一七日に帰国すると、翌日には明治天皇に拝謁を仰せつかった。帰朝後曽根は、中国事情に関心を寄せていた宮島誠一郎、樫村清徳ら同郷人と協力して、興亜会を興し興亜学校を設立して、日中連合を主唱した。

明治一九年三月、曽根は参謀本部海軍部編纂課長心得に任じられたが、在清国中に送った建白書が、時の外務大臣井上馨の逆鱗に触れた。このため曽根は一切の官職を剥奪され、海軍監獄に収監される身になった。これには、当時明治二〇年から二一年にかけて、伊藤内閣が企図した不平等条約の内容、および大日本憲法改正案が外部に漏れて、朝野にわたり大反対運動が展開されていたことがあった。形勢不穏の最中、野に下った曽根は、明治二九年四月三〇日付で台湾総督府撫墾署主事に任じられ、同年五月台東撫墾署長に任命された。明治四二年、曽根は病のため帰国して、翌四三年五月三一日病没した。

日中親善友好の曽根の志を継承したのが、宮島誠一郎の実弟である宮島大八である。

③下條正雄は、天保一四年七月二四日、米沢の番匠町で生まれ、戊辰戦争の際は米沢軍の製図方として越後に従軍した。明治四年五月一七日、兵部省海軍所に勤め営繕係になった。

明治六年七月二八日海軍少秘書、同年一一月一八日海軍中秘書、一一年一二月二七日海軍大秘書、次いで一五年一二月二八日海軍権少書記官に任じられた。この頃下條は、農商務省御用掛兼勤を命ぜられ、内閣絵画共進会審査部長を務めている。このことは、下條の画技の才能が既に一般に認められていたことを物語っている。

明治一八年三月一日、下條は海軍主計少監となり、その後、会計局用度課長、艦政局建築課長、海軍火薬工廠会計課長等を歴任し、明治二二年八月二八日海軍主計大監に任じられ、海軍中央会計監督部員となった。

明治二三年六月二一日横須賀鎮守府会計監督部長、二五年五月三〇日佐世保鎮守府主計部長を経て、一〇月四日、海軍主計学校長に就任した。これを最後に下條は海軍を去り、その後日本美術協会を創立して、日本美術の発展振興に尽くした。

④古海長義は、天保一四年、米沢の北谷地小路に生まれた。明治三年から五年にかけて、山梨県の徽典館教授方兼監護として職を奉じていたが、明治五年七月、十等出仕として海軍省秘史局分課に勤務した。

明治六年七月海軍少秘書、一一月海軍中秘書となったが、琉球島民の殺害を理由に台湾征討が決定されると、古海も西郷従道に随行して、明治七年四月、日進艦に乗組み台湾に渡った。

明治九年九月、古海は記録課員（編纂係）となり、制度取調掛を兼務して、一〇年の西南戦争に従軍した。明治一一年六月には、台湾征討および西南戦争の勲功によって勲六等に叙され、御下賜金三五〇円を受けた。

明治一一年一二月海軍大秘書になり、一三年八月海軍会議職制章程取調掛を兼務し、同年一一月記録課副長心得となった。その後、明治一五年一二月海軍権少書記官、一九年三月海軍大主計に任じられ、軍務局法規僚に補され、明治二一年一〇月海軍主計少監となった。明治二二年五月佐世保鎮守府海兵団主計長に補されたが、間もなく肺炎にかかり、六月一〇日病没した。

⑤門屋道四郎は、上杉家老千坂高雅の末弟で、弘化四（一八四七）年米沢に生まれ、明治六年六月、二六歳の時海軍に入り、海軍少尉に任官し、その後兵学校教官となった。

明治一七年以降、東海鎮守府軍法会議判士、東京軍法会議判士、浦賀屯営分隊長等を経て、明治一九年三月、京都、富山、新潟、石川、福井、鳥取、島根の各府県で、募使として海軍志願兵の徴募に当たった。明治二〇年五月、募兵使被免後は、東艦分隊長、横須賀屯営分隊長、横須賀鎮守府監獄警査長、同署長、海軍軍楽練習所長、横須賀鎮守府海兵団分隊長等を歴任したが、明治二三年一一月、病気のため休職となった。

明治三三年一二月、山形県最上郡長となったが、翌二四年二月一〇日、四二歳で病没した。

⑥本間秀周は、嘉永二（一八四九）年米沢の元西馬喰町で生まれた。明治四年二二歳の時、陸軍軍曹心得として明治新政府の軍人となり、六年六月、陸軍一等軍曹に昇進した。六年一二月、海軍省より海軍一等軍正を仰せつかり、海軍へ移った。海軍に移ってから本間は、砲術関係修練に専念し、明治一五年八月浅間艦砲術卒業書を授与され、同年一二月海軍掌砲長に任じられた。一七年二月海軍少尉に任官し、一八年一二月砲術練習艦浅間の教官兼分隊長心得とな

る。

浅間は明治元年にフランスで建造され、北海丸として開拓使で使用されたが、明治七年海軍省所管となり浅間と改称された、一四二二トンの木造船であった。山本権兵衛が浅間艦乗組になったのが明治一四年で、その主な任務は砲術教育であった。当時山本は海軍大尉で、明治一五年浅間の副長となった。山本は兵学校出身者の重用に意を砕くと同時に、准士官以下の者でも優秀な者を士官に引き上げようとした。そんな折本間は、浅間艦の掌砲長時代に、山本から目をかけられた。

本間秀周は、明治二一年一〇月大尉に昇進し、金剛艦分隊長に補された。翌二二年五月佐世保鎮守府海兵団分隊長となったが、二三年一月、病気のため休職となり、二四年四月二日病没した。

⑦丸山孝一郎は、本間秀周と同じく嘉永二年生まれで、出生地は米沢の五十騎町である。明治四年、米沢に洋学舎が設置され、丸山はその第二回諸勤学生に選ばれた。英国人教師C・H・ダラスの授業を受けると共に、郷士の英学振興に務めた。丸山は、洋学舎諸勤学生として同期であった五十嵐力助（上泉徳弥中将の岳父）と相謀って、県会開設を建議した。その結果、五十嵐が初代県会議長に推挙された。

明治一二年一月、丸山は十五等出仕として海軍裁判所に入った。丸山が海軍裁判所に出仕した翌年の明治一三年、渡辺洪基、重野安繹、中村正直、宮島誠一郎、樫村清徳、曽根俊虎らの発起によって興亜会が設立され、興亜学校が設けられた。その初代校長として丸山孝一郎が就任した。同校は明治一五年、東京外国語学校に吸収統合された。

丸山は、明治一六年二月福島県に移籍するが、その翌年海軍少尉に任官し、海軍裁判所出仕を仰せつかり、同年四月、東京軍法会議判士となった。一九年二月一〇日、海軍東京軍法会議は閉鎖された。丸山は福島県安積郡駒屋村に帰ったが、明治二〇年六月、米沢製糸機械会社の社長として迎えられた。その後、明治三七年米沢市議会議員を皮切りに政界入りして、第二代米沢市議会議長に就任し、四一年衆議院議員として国政に参加した。丸山は明治四五年五月一二日、六四歳で逝去した

⑧高橋秀松は、安政元年八月二四日、三潴《みづま》玄寿の二男として米沢の座頭町で生まれ、母方の実家の高橋家を継いだ。父の玄寿は、長崎で医学を修めるとともに、西洋の科学の知識の習得に努めた。帰郷してからは、洋式砲術の普及のため自ら大砲をつくり、松川河原で門弟を率いて射撃を試みた。米沢の西洋砲術の嚆矢となった。

秀松の母方の祖父高橋玄勝は、英学の必要性を認め、侍医並びに藩医筆頭の立場から藩当局への建白を続けた。その甲斐があって、西洋医学所の句読助教であった渡辺洪基を米沢に迎えることが出来、戊辰戦争の最中ながらも米沢で英学教授が行われた。その後東京大学に進み、明治一一年一二月製薬学を卒業し、同年一二月一八日製薬士の学位を授かった。

明治一二年八月一四日、秀松は海軍省御用掛となり、医務局出勤を仰せつかった。以降、東京海軍病院、軍医本部勤務を経て、明治一九年一〇月一二日海軍大薬剤官（奏任官四等）に進み、海軍軍医学校教授になった（明治二二年四月、官制改正に伴い、海軍軍医学校監事兼教官と改称）。約一一年間、海軍軍医学校教官を勤めた後、明治三〇年四月一日海軍省医務局第一局員となり、海軍医事の発展に努め、同年一二月一日海軍薬剤官に任じられた。

明治三二年八月一日、英仏独へ留学を命じられ、翌年帰朝した。三四年四月一七日横須賀海軍病院試験所長を命じられたが、間もなく脳充血のため倒れ待命となり、翌年五月二八日予備役編入となった。明治三六年一一月一〇日、武官官階改正で、薬剤監は薬剤中監と改められた。高橋秀松は明治四〇年一一月二〇日、薬学博士の学位を授かり、大正三年二月九日、五八歳で他界した。

小森沢長政

「米沢海軍」の始祖・小森沢長政

小森沢長政《こもりさわながまさ》（宮島琢蔵）は、天保一四（一八四三）年、米沢藩祐筆宮島左衛門吉利の三男として生まれた。長男が誠一郎で、次兄は猪吉（小森沢仁左衛門家を嗣ぐ）、そして季四郎とじゅん（保科忠次郎に嫁ぐ）の弟妹がいた。

嘉永六年江戸に上り蘭学を修め、佐久間象山について砲術を学んだ。さらに安政三年、会津藩では藩校日新館に新設された蘭学所で山本覚馬が、江戸から招致した川崎尚之助と共に蘭学や砲術の指導に当たっていたが、その蘭学所で、小森沢は山本覚馬から直接砲術の指導を受けている。

長政は明治三年、米沢藩少属に任ぜられ、翌四年一月九等出仕として、小倉信近、今井直方らと共に兵部省に勤務した。なお後に福島県令となる山吉盛典は七等出仕、主計大監・貴族院議員となる下條正雄は十二等出仕であった。明治五年二月兵部大録、秘史局分課勤務（同年二月兵部省廃止）、明治六年七月海軍秘書官、明治七年二月秘書局副長、事務記録人別課長となった。明治九年八月海軍中秘史兼海軍権大丞就任、事務記録翻訳三課長、同九月真木長義少将（海軍裁判所長）の下で軍律改定取調掛兼務となり、明治一〇年一月には太政官権大書記官を兼任し、明治期の初期海軍法制度の確立に努めた。

明治二二年第一局軍法課長に就任し、その後海軍刑法・海軍治罪法改正案各取調委員、千島艦事件取調委員などを歴任し、日清戦争中は新聞雑誌臨時検閲委員長を務めた。三一年一〇月海軍省司法部長に就任し高等官二等となった。三二年三月三〇日依願免官し、四月二一日特旨をもって位一級を進め、正四位に叙された。

さて明治四年四月、米沢藩において藩政改革についての評議が行われた際、評議編輯《へんしゅう》方を命ぜられたのが、斎藤篤信、宮島誠一郎、小田切盛徳の三名だった。

当時は藩命による東京での勤学生がかなりおり、六月一九日、旧藩知事の上杉茂憲はこれら勤学生を集めて慰労した。この時の参集者は、海軍兵学寮生徒の大滝新十郎、高津精次郎、馬場新八、大学東校在学中の真壁玄真（精一郎）、三潴《みづま》玄寿（謙三）、高橋玄通（秀松）、堀内亮之助（忠通）、草刈学（道倫・義哉）、外務省洋語学所の平田東助、そして海軍省の今井直方、門屋道四郎、陸軍兵学寮の山本助六、長井藤蔵、村上真広、川田馬之助、矢尾板朝作、鈴木甚勝、佐藤玄仙ら一八名であった。

明治五年一月、茂憲は千坂高雅を随員として洋行し、明治七年一月、帰国した。同月一一日、茂憲は無事の帰国を祝って、在京同郷人と共に午餐会を開催した。参会者は、宮島誠一郎、入

左から湯野川忠世、上泉徳弥、宮島誠一郎、小森沢長政、山下源太郎
（宮島邸にて　『遠い潮騒』より）

沢敏行、小田切盛徳、長井藤一郎、下條一、門屋道四郎、柿崎家保らであった。

明治一〇年七月、千坂高雅の指示の下に、上杉家の金庫取扱の家扶安田彦平太の後任人事について、米沢在住の原三左衛門、池田成章、堀尾重興、名古屋在住の芹沢政温、福島の山吉盛典、中條政恒らが意向を質された。

明治一一年四月二九日、この日は藩祖謙信の三百年祭に当たっていたが、この祭事の手伝いは、海軍省関係者が中心となって営まれた。小森沢が総掛となって、応接掛に宮島誠一郎（修士館御用掛）、書画掛に小田切盛徳（元老院御用掛）、饗応係に下條正雄（海軍中秘史）、古海長義（海軍省軍医総監大秘書）、入沢敏行、玄関取締に山吉景福であった。

明治一四年五月一八日、上杉茂憲は第二代沖縄県令兼判事を拝命した。六月一三日、相談人たちは、小森沢を中心にして旧藩主の県令就任を祝ったが、その際三箇条からなる次のような建議書に認めて、上杉斉憲の閲覧を受けた上で沖縄在住の茂憲に上呈した。

「御奉職中者儲金御主義ニテハ人情悦服致間敷候間撫恤教育等ニ十分ニ御出資相成度　森氏一年三千円。小森沢者(八)御奉職中一万円位ハ御引足公益ニ御投与被成度見込事ニ処スルニ御多言ハ不要成。先例ヲ熟慮シ実際之得失利害ヲ考察シ御勇断御指揮相成度事。渾《スベ》テ信義ヲ重ジ朝令暮改之御処置無之様仕度事」

この建議書には、沖縄県民の撫恤《ぶじゅつ》と教育には金を惜しまず、事を処すには熟慮の上にも勇断を忘れないこと、また信義を重んじて朝令暮改に陥ることの無いようにすることなどが謳われており、まさに鷹山精神を体現するものであった。

相談人たちは一人三〇〇〇円から一万円という非常に高額な金額を、公益とはいえ拠出するとしているから驚きである。ちなみに明治一九年、私立米沢中学校が北堀端町に新校舎を新築した時の総工費は九八四円であったから、この金額がいかに巨額かがわかる。

上杉県令は、明治一四年一一月八日より一二月三日に亘って沖縄管内をくまなく巡視し、全島の間切（沖縄特有の行政区画）制度の改正計画を政府に提出した。しかし政府は茂憲の意見書を時期尚早として採用しなかった。このため茂徳は、明治一五年五月三一日付で内務卿宛に、撫恤に関する諸施策の改良を再度促した。これに対して政府は、この茂徳の上申書を好意的には受け止めなかった。

この事態を憂慮した相談人たちは、上杉県令に対して、この際は「忍の一字」で政府の方針に順応するようにとの意見書を上呈した。

相談人たちがつかんだ政府筋の情報では、内治の政令が未だ一般に施行出来ないものもあるため、旧制度を存続しており、そんな中で沖縄が旧制改革を執拗に上申するのは適当でなく、これは新県令というより、むしろ少書記官の池田成章の意見ではないのかと判断しているというものであった。こうした無用の誤解を生じさせないためにも、今回は敢えて政府の方針に逆らわず、時機を待つように忠告したのだった。相談人たちの脳裏には、戊辰戦争時の苦い思い出が焼き付いていた。

新県令と政府の軋轢の情報が伝わると、県庁の課長・署長連中は、「今般岩村検査院長本件へ御出張相成候原因ヲ始メ、諸事政府ノ御沙汰ヨリ朝啓（朝廷への上申書）等心得方迄詳細告知、殊ニ行文中愁苦ヲ開キ迷冤《めいえん》ヲ暢伸《ちょうしん》スル（迷惑なぬれぎぬ）等、不容易文面モ有之、固ヨリ政府御趣意ノ有スル所、果シテ然ルヤ否ヤハ不可知ト雖モ其管下ノ人心ニ感触スル所実ニ不尠、百般ノ妄想ヲ惹起シ、其影響ハ直ニ信ヲ県官ニ措カサルニ立チ至リ可申ハ必然ノ勢ニテ、施政上最モ妨害相成候儀ト痛慮罷在候」との伺書を提出した。

この伺書の裏には、万一事がこじれて県令が辞職するようなことになったならば、県官の総辞職も辞さないとする官吏たちの強い覚悟が秘められていた。

大滝龍蔵・大滝新十郎らの伺書に対して茂徳は、十分勘考すると伝え、今はとにかく冷静に職務に精励し、部下吏員に忍耐することを要請した。

これに対して政府は、岩村検査院長の沖縄派遣でお茶を濁し、表面的には茂憲の元老院議官への栄転と引き換えに、県令を罷免したのだった。

茂憲は、従者として東京の学校へ進学させる少年一人（高良次郎）を伴って沖縄を去った。その際茂憲は、進学資金の一助として一五〇〇円を寄付した。さらに明治一九年、高良次郎が東京師範学校に入学した際には、県費支給と同額の一か月七円と衣服代等を手元より支給した（高橋義夫『沖縄の殿様』）。
明治一六年四月二四日、茂憲は元老院議官を命じられた。同年八月二〇日、在京米沢人の有志は旧主の栄転を祝って祝宴を催したが、これに対して茂憲はその返礼に同郷の在京者を枕橋の八百松楼に招いて喜びを分かち合った。

「米沢海軍」の支柱・山下源太郎

海軍士官養成の中核であった海軍兵学校（海軍兵学寮時代も含む）の歴代の校長延べ三八名の中に米沢出身者が三名もいる。すなわち山下源太郎（第二四代　明治四三〜大正三年二月）、千坂智次郎（第二八代　大正九年一二月〜一二年三月）、大湊直太郎（第三三代　昭和五年六月〜六年一一月）である。

それに加えて、海軍機関学校長の下條於菟丸機関少将、および清水得一中将、さらに少尉候補生教育の最高責任者である練習艦隊司令官には、黒井悌次郎（大正三年度）、千坂智次郎（大正四年度）、左近司政三（昭和六年度）、今村信次郎（昭和七年度）の四将官がその任に当たった。

明治二年九月、旧芸州藩邸に海軍操練所が創設され、翌三年一月始業式が挙行された。兵部大丞川上純義が兵学頭を兼ね、近藤真琴や田中義廉らが教官に任ぜられ、諸藩進貢の海軍就学

山下源太郎

生（一八〜二〇歳）に対する教育が開始された。海軍術実習の稽古艦としては千代田形艦が当てられ、同一一月操練所は海軍兵学寮と改称され、新たに幼年生徒一五名、壮年生徒二八名を選抜した。

明治四年六月、旧幕府が米国から購入した富士山艦を海軍兵学寮の稽古艦と定め、海軍兵学寮は兵部省海軍部の管理下に置かれた。教官は従来の文官制から武官制に改められた。

明治五年二月、海軍省の創設と共に海軍兵学寮は海軍省の管理下に置かれた。

明治九年八月、海軍兵学寮は海軍兵学校と改称され、明治二一年八月、海軍兵学校は広島県江田島に移され、明治二六年六月全面移転が完了した。

初代海軍卿に就任した勝海舟は、兵学寮への入学を、旧佐幕派諸藩の青年たちの将来の途を拓くものとして大いに期待していた。そこで海舟は宮島誠一郎に対して、誠一郎の実弟である小森沢長政の兵部省（海軍省）への出仕を強く勧めた。

小森沢の兵部省出仕と相前後して、米沢出身者で海軍に進んだ人には、大滝新十郎、高津清次郎、馬場新八、石原忠俊、曽根俊虎、下條正雄、古海長義、門屋道四郎、本間秀周らがいる。米沢の後進たちが本格的に海軍入りするのは、山下源太郎が海兵一〇期生として入校した明治一二年頃からである。

明治一〇年代から日清戦争まで、海兵や海軍機関学校に入校した二一名中、山下源太郎、黒井悌次郎を筆頭に将官まで昇進した者は一〇名に上った。

山下源太郎の遠祖は、代々源家の武将で、第一一代重房の代に仁科姓を称し、第一七代盛重は武田晴信の幕下に属した。盛重の二男の宗満が「山下」を名乗って上杉家に仕え、厩頭として二〇〇石を給された。

山下源太郎は、文久三（一八六二）年、御厩方術馬乗（馬術師範）、山下新右衛門と紀代（大村安兵衛の二女）の二男として、米沢城下東寺町に生まれた。兄弟には、新力（後に彦根高等女学校長）と三郎（後に東京帝大土木技師）がおり、姉妹としては、津弥、美代、りんの三名がいる。山下家の家禄は二五石であったが、実収は一三石八斗ほどで、生活は非常に苦しかった。このため新右衛門は、曾祖父の時代から三代続いて鍼灸師をして家計に当てた。

源太郎は、慶応三（一八六七）年、五歳の時に藩の祐筆方であり漢学として名高い伯父の片山才助の家に預けられた。明治三年、源太郎は八歳にして興譲館に入り、同五年、母の実家の大村家から松岬《まつがさき》小学校に通った。

明治八年、源太郎は一二歳の時、旧藩士協立私学校米沢中学校（四年制）に入学し外国人教師から英語を学んだ。ある時外国人教師が、英国海軍とネルソン提督の偉大さを誇り、「日本の海軍は実に貧弱だ」と語ったことに憤慨した源太郎は、自分が海軍に入って英語教師を見返してやろうと思った。

明治一二年春、米沢中学を卒業した源太郎は、同年九月海軍兵学校に入学した。同期（一〇期）の生徒は、予科出身者一七名、源太郎らの外からの入学者一二名と併せて二九名であった。

当時の試験は厳格な身体検査の他に、一四科目にわたる筆記試験があった。数学と英語の出題は全て英語で、文法、地理、窮理学などの解答は英語で書くことになっていた。一般志願で入学した加藤定吉、山下源太郎、名和又八郎（以上大将）、広瀬勝比古（少将）ら一二名は一人の退学者もなく、明治一六年卒業した。首席の加藤定吉はじめ、上位一一名中八名が一般入学者で占められ、源太郎の卒業時の成績は四席であった。

源太郎らが入学した当時の海兵の校長は、薩摩出身の海軍大佐の仁礼景範《にれかげのり》であり、L・P・ウィルソン少佐以下二〇名の英国士官と下士官によって指導が行われていた。

明治一五年一二月、海兵一〇期組は、卒業後遠洋航海に臨んだ。ニュージーランドに寄港した際の英国人の生活ぶりを垣間見た源太郎は、「英人は能く時を用いて遺すなし。上甲板に出でて見るに……英国人は身を修むる紀律あり。休む、飲む、食ふ、必ず定限あり。故に定時の間、業を勉め、業終われば、即ち遊戯を為す。端艇遊び、玉突《たまつき》、骨牌《カルタ》、蹴球、テニス、騎馬と、各種各様の遊戯を楽しむ。……我国人の如く、手を拱して呆然たる如きを見ず」（山下源太郎大将伝記編纂会『海軍大将山下源太郎大将伝』六三頁）と、有効時間をうまく使う英国人の生活ぶりに驚いている。

明治二九年一〇月二三日、源太郎は宮島誠一郎の三女の徳子と華燭の典を挙げた。この時源太郎は三二歳、新妻の徳子は一六歳であり、二人の齢の差は何と一六もあった。

新所帯を持ってから一週間後、源太郎は造兵監督官として、英国出張を命じられた。一一月二八日、フランスのアーネスト・シモンス号で横浜港を発った源太郎は、艦上から早速新妻の徳子に宛て、次の第一信を認めた。

「御身の我に嫁ぎしより僅かに一月余に過ぎず、其間、呉、大阪地方出張の事あり、共に棲むこと二〇日許りも之有しか。然るに余は公私の用務極めて繁く、家に在ること殆ど稀に、殊に出発の頃は何かと忙しく、光陰は遠慮なく経過し、誠にすげなくをぼしつる事と察し入候。此度の旅出は極めて慶賀すべく、共に撓まず屈せず、以て業を成し遂ざるべからず。互ひに健全を保ち、稍《やや》めで度帰朝の日を待たるべし。母上様には孝養をつくし、兄弟姉妹には親切なれ。公務上に関することはクラスの加藤、石橋、名和、広瀬等の人々、又は釜屋、上泉、黒井の諸氏に相談せよ。之等の夫人方には、何なりと遠慮なく御相談なされ度候。家庭のことは母上に相談して、彦根の兄上を父と思ひ、先以て姉上に手紙にて兄上の御意見伺ふようになされ度候。最早主婦として一家を経営するの任務に当り候なれば、留守中万事意に任す余に代りて、よろしく取り計ふべし。事の稍々《やや》大なるは紙面を以て指図を乞ふべし。日々の記事報告を毎二週米国経由の郵便にて御通知あれ。横浜にては倉卒に申聞け候に付、今又茲に申遣し候」（同書、一〇七～一〇九頁）

新婚生活わずか一か月余りで洋上の人となった源太郎としては、一人で留守宅を護っている幼な妻が心配で仕方がなかった。「すげなく覚えている」のは、何も徳子ばかりでなく、源太郎自身がそうであった。当時はこのように書くのが、愛情表現の精一杯のところであったろう。

さらに印度洋上から徳子に宛てた書簡では、一九歳の厄年を迎えようとしている徳子に対して、嫁としての心がけを細やかに説いている。

「印度洋上波静かに風清き月明の夜、上甲板の船室に於て認む。母上様には相変らず御元気の筈、其許《そこもと》にはいかがか。兼て申けき候通り、健康は幸福の母とも申候へば、必ず無理をせぬように可被成候。又来年は十九年の厄歳とて、古よりかれこれ言ひ伝へ有之、何れも迷説取るに足らざることには候へ共、左りとて又俗に逆ふの必要も務之候へば、都合よき時日を定めて、可成早く齢直しを可被致候。之等の事は、老たる親達を安心せしむる孝の一端と可被致候。……凡そ世間は、美点を差し置いて少しにても欠点を見出さば、針を棒に吹聴する浅間しき世人の習日ひ、此辺篤と御心付の事と安心致候。
嫁の評判は姑の口より出づるもの世間に信用せられ、又姑のよき聞こへは嫁の口より出づるもの信用せらるる習ひ、これは世に例し少なからぬ姑嫁互ひに悪しざまに影言いたす習慣に反するが故ならん。母上に孝養は無論の事ながら、宮島御両親にも御心配かけぬように、余に代わりてよくよく孝養なされたく候。……今しも月高く音楽堂に幽《かす》かにピアノの音を聞く。坐《そぞ》ろに琴の音を想ひ出し候」（同書、一〇九〜一一〇頁）

厄年になる幼妻の身を案じる、源太郎の気持ちがよく出ている書簡である

在英造兵監督官として着任した山下大尉は、船橋善弥大機関士（後の海軍少将）と共に、水雷関係を受け持つと共に、同地における先任の監督官である岩崎達人（六期・海軍少将、福島）は兵装全般と大砲関係を受け持った。当時の日本海軍の兵器は、主にニューカッスルにあるアームストロング社で製造していた。

当時英国で製造中の艦船は、高砂、浅間、常盤、敷島、朝日、初瀬であり、一方駆逐艦は、雷、叢雲、東雲、夕霧、電、不知火、曙、漣であった。これらの艦船は、日露戦争の際には日本海軍の最新鋭艦として大いに活躍した。

源太郎は、監督事務の休暇を利用して大陸に渡り各国を視察したが、傾きつつあった老帝国オーストリア軍を、次のように見ていた。

「欧州の中心一時幅を利かせしことある墺国軍人は、従来士気すたれ、外国に出づるを嫌ひ、海軍を脱する士官多く、陸軍士官なども日々一、二時間出営操練の真似るを監督し、昼食を終われば競ふて家に帰り、婦女を携へて悠々市中を散歩するを楽しみとし、偶々一年一回の秋季

演習などには習志野原とも申すべき処へ出掛け、いかめしく天幕などを張りて野営を致す様なれども、日々二、三時間演習の真似をなせる後は、士官下士官始め、夫々《それぞれ》付近の百姓家などへ呼寄置ける妻女の許へ駆けつけ、娯み居る由、演習季は軍人夫妻の遊山と心得しなるべし。此の国も追々亡国の仲間入りすることとなるべし。我国の行末多事多望の際、御互雄々しき覚悟必要に候也」（同書、一一三頁）

英国滞在中に山下は少佐に昇進し、帰国後には中佐に昇進し笠置副長を命ぜられた。明治三五年の北清事変の際山下は、笠置副長兼天津方面海軍陸戦隊指揮官として活躍し、特に連合軍との連絡交渉においては英国で身に着けた得意の英語力を発揮した。明治三六年海軍大佐に昇進した山下は、軍令部参謀に補された。

日露戦争時で山下は、大本営海軍部参謀（作戦班長）であった。班長は軍令部次長に直属し、普通は少将の配置であったが、頭脳明晰故に大佐になって間もない山下が補職された。

山下が参謀としての真価を発揮したのは、日本海海戦の時である。日本海軍内では、バルチック艦隊が、どこを通って日本海へ入るかが大問題になったが、山下は早くから対馬海峡を通ると確信していた。

連合艦隊には加藤友三郎の下に、秋山真之《さねゆき》（一七期、松山）中佐という名参謀がおり、また第二艦隊先任参謀には戦術家として名高い庄内出身の佐藤鉄太郎中佐がいた。彼等は作戦を直接預かる立場にあり、失敗が許されないため余計に慎重になった。

当時日本の艦隊は、対馬海峡で迎撃態勢をとっていた。秋山は、バルチック艦隊は津軽海峡を通るかも知れないと見ていた。迷うとその公算がなお一層大きくなるものである。佐藤鉄太郎は、いっそのこと隠岐で待機して、敵が南北のいずれから来ようとも対処すべしと考えていた。

　海戦三日前の五月二四日のこと、鎮海湾にいた秋山は東京の山下に対して、「相当の時機までに敵が見えなければ艦隊は随時移動する」と言ってきた。これは東郷司令長官の電報ではなく、参謀間の単なる意見交換であったが、山下としてはこの電報を見て大いに驚いた。大本営としては、現地部隊の作戦行動には口を出さない建前であったが、事が重大であるために、一時は大本営の責任において移動を阻止する命令を出そうと思ったほどである。

　山本権兵衛海相に諭されて山下は、「鎮海湾に待機し続けるのを得策とする」という電報を出すに留めた。

　ところが同日午後になって、「バルチック艦隊が付属運送船六隻を上海に放した」との情報が連合艦隊に入電したため、秋山は、敵は必ず対馬海峡に現われると確信するに至った。

　ところで、山下が対馬説を採ったのは、日清戦争前に巡洋艦武蔵の航海長として北洋警備に当たっていた頃、絶えず濃霧に悩まされていた経験があったためである。山下は、バルチック艦隊も濃霧が立ち込め、しかも遠回りになる津軽海峡は通るまいと思っていた。

　後年小島秀雄大佐が海大学生の時、バルチック艦隊の対馬海峡通過を確信した理由を山下に質問した際、次のように答えている。

「これは自分の身をバルチック艦隊長官の立場に置き換えて考えてみればよくわかる事であるが、あの霧の多い時期に津軽海峡を、しかも訓練が不十分な上に、東洋方面の地形に部下よりなる大艦隊を率いて突破するようなことは、経験の多い指揮官ならばやらないだろう。しかも

戦いを避けることが出来ないとすれば、対馬海峡を通過するのは当然である」（同書、一六二頁）

その後山下は、磐手艦長、第一艦隊参謀長（少将）、佐世保鎮守府参謀長、艦政本部第一部長、軍令部第一班長を経て、明治四三年海軍兵学校長に就任した。在職三年四か月の間に、二七万円の予算を申請して、海軍士官養成機関にふさわしい大講堂を建設した。

大正元年一二月、山下は中将に昇進し、同三年三月海軍軍令部次長、四年八月佐世保鎮守府長官、六年一二月第一艦隊司令長官、七年七月海軍大将となり、七年九月兼連合艦隊司令長官となり、一か月後に兼任を免じられたものの、八年六月、再び連合艦隊司令長官に就任した。

大正八年一二月軍事参議官となり、九年一二月海軍軍令部長に補された。その間、大正一一年にワシントン海軍軍縮会議が開催された。

さて大正四年八月、佐世保鎮守府長官に補された山下は、家族と共に長官官舎に住んでいたが、六年二月九日、三男の四郎が殺害されるという悲惨な事件に見舞われた。その日、佐世保市八幡小学校三年生になる四郎は、放課後校門を出て学校近くの坂まで来たところで、突然着流し姿の男に呼び止められた。

「坊ちゃんは誰ですか？」

「僕は山下です」

「いい子だね……」と言った瞬間、男は四郎を抱きかかえて、隠し持っていたメスを四郎の咽喉に刺したのだった。瞬く間に四郎は息絶えた。犯人は、馬公防備隊から佐世保防備隊に補され、在勤一か月で待命となった飯島弘之大尉（三六期）であった。飯島は少尉候補生の時、喧嘩相手から鉛筆で眼を刺されて隻眼となったことから、精神に異常を来すようになった。

この事件後、山下家から八幡小学校の前に小さな公園が寄付され、その一隅に佐世保市が遭難記念碑を建立した。

第一次世界大戦勃発当時、山下は軍令部次長にあった。ドイツ艦隊の捜索に当たって、外務省では、米国が目をつけている南洋に艦隊を出すと問題が起こるのではないかと懸念していたが、山下は不当の干渉であるとして、南洋群島を占領して、ここを戦略上の重要拠点とすることを島村速雄軍令部長（七期、高知）に進言した。第一次大戦後、この地域は日本の委任統治領になった。

大正九年一二月、山下は海軍軍令部長に就任した。その四か月前に待望の八八艦隊完成予算が帝国議会を通過した。ところが翌年のワシントン軍縮会議において、日本は米英日、五：五：三の比率を押し付けられた。

軍令部では明治末期以来研究を重ね、その結果日本近海で米国の渡洋艦隊を迎え撃つには、対米七割以上の兵力を必要とするとの結論を出していた。山下としても対米七割は日本の安全保障にとって最低条件であると思っていたが、政府の方針に反対してまで自説を通そうとは考えていなかった。

山下は主力艦の劣勢を補う方策として、艦隊の猛訓練と戦闘技術の向上と士気の振興、および補助艦の性能の向上、特に駆逐艦と潜水艦の隻数と排水量の増大を指示した。

八八艦隊計画の廃止と日英同盟の消滅によって、帝国国防方針、所要兵力、用兵綱領の改定が、山下の大きな任務となった。

この三件は、明治四〇年、最初に制定された。海軍としてはいわゆる八八艦隊を整備する方針に定まったが、その後第一次大戦の戦況から、大正七年第一次改定が行われた。海軍としては、八八八艦隊、すなわち艦齢八年以内の戦艦と巡洋艦の二四隻を戦略単位とすることにした。それが大正一一（一九二二）年のワシントン海軍軍縮条約によって戦艦六隻、巡洋艦四隻の六四艦隊しか持てないということになったため、第二次改定が必要になった。

改定作業は、日米決戦は必至との前提で行われ、「国防方針」においては、米国を対象国とすることにした。また「所要兵力」では、従来の八八艦隊の主力艦は将来構想に過ぎなかったが、今回は現有勢力であり、戦列部隊の所要艦種と隻数まで明示した。「用兵綱領」では、対米作戦の場合は、まず比島を攻略して渡洋艦隊を漸減し、続いて主力艦で撃破することにした。

この三件について、大正一二年一月までに山下は上原勇作参謀総長と協議し、翌月参謀総長と共に沼津御用邸を訪れて、摂政宮に上奏し裁可を得た。「用兵綱領」に基づく「大正一二年度帝国海軍作戦計画」は、本来ならば大正一一年一一月に天皇の裁可を得なければならなかったが、当時国防方針等の改定作業中であったため、山下としては、これを軍縮条約発効後に上奏することにした。

ワシントン海軍軍縮条約は、大正一二年八月発効したため、九月三日、山下は「同年度海軍作戦計画案」を上奏した。ところがその二日前の九月一日、関東大震災が発生したため、出師準備計画もその影響を受けることになった。しかし山下としては、出師準備施行地を若干修正すれば作戦計画実施上に支障はないと考えて、あえて計画の変更を行わなかった。

当初建設中の補助艦が就役しても、所要兵力量は六割にしか達しないため、山下は翌年二月、海軍省に対してその補充と航空兵力の充実を求めた。しかしながらこれは財政上の事情から先送りとなった。

山下は軍縮条約に伴う軍令事項の後始末を終えて、大正一四年四月、軍事参議官に転出し、昭和三年七月、齢満期（六五歳）により後備役編入となった。

昭和天皇は山下に男爵位を贈り、その功績に報いた。

山下は、軍人勅諭にもある通り、「軍人は政治に拘らず」という「軍人勅諭」の教えを生涯貫いた清廉潔白な提督であった。それゆえ山下は明治期の「米沢海軍」の大黒柱として、同郷の士官だけでなく他県出身の山本五十六や堀悌吉などの士官からも大いに敬愛された。

当時山本五十六や堀悌吉は、始終山下家に出入りし、このため両人は、山下家を訪問した際は「ただいま！」と言い、辞去する際は「それじゃ、一寸行って参ります！」と、冗談を飛ばすほどであった。

終の床にあった源太郎は、片時も夫人の手を放そうとはしなかった。このため周りの人たちは、これでは夫人の身体がもたないと心配した、これを見かねた五十六は、夫人を休ませるべく一計を案じ、夫人の着物をまとい源太郎の枕頭に座って介護に当たった。

引退から三年後の昭和六年二月、山下源太郎は、家人や五十六に見守られながら、静かに息を引き取った。

「米沢海軍」きっての武人・黒井悌次郎

黒井悌次郎は、幕藩体制崩壊の直前の慶応三年、米沢藩士黒井家の次男として生まれた。神童と呼ばれるほど頭が良かった黒井は、家督を継げないという事情もあって、明治一九年海軍兵学校（一三期）に入学し、ここを三六人中四席の好成績で卒業した。

明治二三年、イギリスで建造中の巡洋艦千代田の回航委員に選ばれ、初の海外赴任となった。帰国後は海防艦武蔵の分隊長を務めて大尉に昇進した。明治二五年から一年間、海軍大学校甲種五期となって研鑽を積み、卒業後は軍令部に転属し、日清戦争では軍令部員として参戦した。

さて明治一三年、同郷の川村備衛が海兵に入学した。この河村は海兵の生活に馴染むことが出来ず結局海兵を退学したが、退学に際して黒井は河村備衛に対して、次のような諫言の書状を送った。

「今ヤ仰イデ海外各国ノ我カ国ニ交際スルノ如何ナル景況ナルヤヲ視察スルニ、強魯ノ鷙鳥ハ磨爪《マソウ》両翼ヲ張ッテ北門ノ辺ニ翔翺《ショウコウ》シ、以テソノ寸隙ヲ覗ヒ、獅英ノ猛爆ハ鳴牙《メイガ》眼光ヲ怒ラシテ、苟モ小瑕《ショウカ》アルニ当テヤ、直チニ蹴駆シテ国内ヲ蹂躙シ正サニ修羅ノ巷トナサントスルアリ。各国ノ艨艟《モウドウ》亦タ吹烟揚波以テ垂涎《スイゼン》セザルナシ」

ロシアとの戦が必至と考える、当時の黒井悌次郎の世界観がよく出ている書状である。

黒井悌次郎の祖母の黒井繁乃は、家庭の貧しさにもかかわら

黒井悌次郎

ず、湯野川家の三男繁実を夫とし、一人息子の信蔵（繁邦）の養育にはことのほか意を使うという良妻賢母の典型であった。この繁乃の精神は孫の小源太（悌次郎の兄、黒井明少佐）や悌次郎、さらにはその妹（湯野川忠一大佐の母）にも継承された。

さて米沢海軍の人脈を考察する場合、その縁戚関係を見逃すわけにはゆかない。例えば、河村備衛の兄の河村純一の長女ちえは小林仁《まさみ》中将の母であり、小田切政徳大佐夫人ちよの母方の叔父が備衛である。

山本五十六と同期であった大分県杵築出身の堀悌吉中将の結婚は、当時大正天皇の侍従武官をしていた四竈孝輔中将（海兵二五期）夫妻の媒酌によるものであった。そして四竈孝輔夫人は、宮島誠一郎の五女である。また巻末資料の湯野川家の系図からも分かるように、湯野川忠一大佐は、山下知彦大佐や山本五十六元帥夫人礼子と従兄妹の関係にある。

日露戦争での最初の海軍同士の戦いは、日本海軍の駆逐艦や水雷艇による旅順港や大連港の奇襲であった。

新任のロシア太平洋艦隊司令官のマカロフ中将が乗った戦艦ペドロパブロスク（一万九六〇〇トン）が、旅順港外で機雷に触れて轟沈した。中将自身も艦と運命を共にしたが、それ以降旅順艦隊はほとんど港内に閉じ籠ってしまった。日本海軍にとっては、これが脅威だった。それは、やがてロシア本国からバルチック艦隊が来援し太平洋艦隊と合流すれば、日本の連合艦隊が撃滅される危険性があったからである。そこで開戦と共に旅順港封鎖を試みたものの、これは失敗に終わった。このため日本海軍は、陸軍によって旅順要塞を攻略し、陸上から旅順要塞を砲撃するしかないと考えて、陸軍に旅順攻略を要請した。

海軍の要請を受けて大本営では、第二軍を分割して第三軍を新たに編成した。しかし日本側は、これまで近代要塞を攻撃したことが無かった。日清戦争の時は、清国が旅順に築いた防御陣地を一日で攻め落としたことはあったものの、それは野戦築城に毛がはえた程度のものであった。このため大本営は、「一日で旅順を攻め落とした」という先入観から、当時留守近衛師団長の乃木希典中将を、新編成の第三軍司令官に任命した。

当初日本側は、バルチック艦隊の極東到着を明治三七年一〇月頃と判断していたため、連合艦隊の整備期間を逆算して迅速な攻略を要求した。これに基づいて強襲する方針が決められた。攻撃正面としては、二竜山砲台から東鶏冠山砲台の中間が選定された。

八月七日、黒井悌次郎海軍中佐率いる海軍陸戦重砲隊は、大孤山に観測所を設置して、旅順港へ一二センチ砲をもって砲撃を開始した。すると八月九日九時四〇分、戦艦レトヴィザンに命中弾を与え浸水させることに成功した。八月一〇日、ロシア旅順艦隊に被害が出始めたため、艦隊司令官ヴィントゲフトは、極東総督アレクセイエフの度重なるウラジオストクへの回航命令に従って、旅順港を出撃した。海軍側が陸軍に要請していた、「旅順艦隊を砲撃によって旅順港より追い出す」作戦は、これによって達成された。

明治三八年一月一二日、黒井は大佐に昇進し、同時に旅順港工作廠長に就任した。その後大正八年一二月舞鶴鎮守府司令長官に任ぜられ、翌九年八月大将に昇進した。これを機に黒井は将官会議官に任ぜられ、実質的なキャリアは終わることになった。

大海軍建設のイデオローグ・佐藤鉄太郎

佐藤鉄太郎海軍中将の出身地は、庄内の鶴岡である。佐藤鉄太郎の長女は米沢出身の海軍中将下村正助に、三女は岡田啓介首相(海軍大将)の長男の海軍大佐岡田貞外茂《さだとも》(五五期)に、そして四女は庄内中学出身の大井篤(五一期)海軍大佐にそれぞれ嫁いでいる。大井篤は「米沢武官会」の一員であったから、佐藤鉄太郎もまた「米沢海軍」の人脈に連なる人間と言っていい。

佐藤鉄太郎

庄内藩は米沢藩と同様、幕末には佐幕派に与して塗炭の苦しみを味わった。このため維新期以降も、両藩は太い絆で結ばれていた。

さて、幕末から日露戦争に至るまで、日本海軍はその想定敵国を一時的に清国にしたものの、終始ロシアと定めて軍備拡張を行ってきた。ところが日露戦争でロシア海軍が消滅したため、日英同盟下にある日本海軍は想定敵国を見出し難くなった。一方陸軍は、未だに大軍を擁しているロシア陸軍の復讐を恐れていた。

明治三九(一九〇六)年二月二六日、「帝国陸軍作戦計画」が年度ごとに作成されることになった。参謀総長大山巌は、従来の守勢作戦を変更して、攻勢作戦を内容とする、次の計画案を上奏した。

(1)毎年四月一日より翌年三月末日に至る間を作戦計画年度とする。
(2)明治三九年度における帝国陸軍の作戦計画は、攻勢を執るを本領とする。

さて日露戦争は、天皇親裁と政軍指導者の戦略の宜しきを得て、かろうじて勝利を収めることが出来たが、作戦を通して陸海の二元統帥の弊害が随所に露呈した。海軍作戦の中枢は、海軍大臣の山本権兵衛であった。その山本は、明治三七年中は旅順攻略によるロシア極東艦隊の撃滅に、続いて明治三八年に入るや、バルチック艦隊の全滅に全力を傾注した。しかしこれを達成した後は陸軍作戦にはほとんど関心を示すことがなく、時には拒否の態度すらとった。

例えば日本海海戦後の明治三八年六月、陸軍は北韓作戦を行おうとしたが、山本海相は「万々不可能なり」として取り合おうとしなかった。このため参謀次長の長岡外史は、九月九日付日誌に、「昨夜日比谷の焼打ちは、折角大円満に終了した処の日露戦争のために千載拭うべからざる汚点であった。もし海軍の我儘がなく、速かに韓地を清めることが出来たならば、小村大使の腰は一層も二層も強かったに相違ない」と嘆いた（谷寿夫『機密日露戦史』五七一頁）。海軍は、陸軍と異なって、作戦計画を予め立てて事に臨んだとしても応用は難しいとして、詳細な立案を避ける傾向があった。

日露戦争直前の明治三五年、佐藤鉄太郎中佐は『帝国国防論』を著し、制海権獲得を重視する見解を発表した。日露戦争後、佐藤は海軍大学校の教官に就任して、『帝国国防史論』を講義した。日露戦争以前と以後とで、佐藤の見解に基本的な違いはなかったが、想定敵国については、日露戦争後ドイツに変更した。

ロシアについて佐藤は、「ロシアが他国を侵略するような国策を樹立すれば、これ亡国の徴」と喝破し、「日本の大陸に保持する権益の保持は平和的に行い、これを維持するための国防上必要な海上武力を削減するようなことがあってはならない」（森松俊夫『大本営』一三二〜

一三四頁）と説いた。このように陸軍の大陸的攻勢論と海軍の海洋的攻勢論は全く相容れなかった。

そこで参謀本部作戦課高級部員の田中義一中佐は、陸海両軍の意見の一致の困難性に鑑みて、天皇の煥発によって問題の一挙解決を図ることにした。

明治三九年八月三一日、山県有朋元帥は寺内正毅《てらうちまさたけ》陸相を経て、田中起案の「帝国国防方針案」を受け取り、これに若干の修正を加えた後、一〇月に「山県元帥私案」として天皇に上奏し、一二月、明治天皇はこれを元帥府に諮問した。

明治四〇年一月二〇日、「国防方針」と「所要兵力」について、参謀総長から陸軍大臣へ、軍令部長から海軍大臣へと、それぞれ商議が行われた。四月一九日、元帥会議が開催され、元帥会議議長の山県有朋は「これを至当と認む」として、天皇に奉答した。

この「帝国国防方針」は、次のようなものであった。

（１）日本の国防は攻勢をもって本領とする。

（２）将来の敵と想定すべきものは、ロシアを第一とし、米、独、仏とする。

（３）国防に要する日本軍の兵備の標準は、用兵上最も重要視すべき露米の兵力とする。

（島貫武治「日露戦争以後における国防方針、所要兵力、用兵綱領の変遷」）

問題は、これが陸海軍の共通の想定敵国ではなかったことである。いずれにせよ陸海軍の想定敵国は、完全に分裂することになった。

「帝国国防方針」によれば、陸軍としては平時に二五個師団、戦時五〇個師団、海軍は二万トン、戦艦八隻一万八〇〇〇トン、装甲巡洋艦八隻を基幹とする五〇万トンとした。これは陸海軍共に、日露戦争開戦時の約二倍に相当する兵力であった。

さて佐藤鉄太郎は、慶応二（一八六六）年七月、庄内藩士平向勇次郎の子として誕生し、後に佐藤安之の養子となった。明治一七年、佐藤は鈴木貫太郎（後に大将）らと共に海軍兵学校（一四期）に入学した。奥羽出身者の同期生に、釜屋六郎（米沢、後に中将）、千坂智次郎（米沢、中将）、市原卯之助（山形、後に大佐）、遠山小太郎（米沢、後に少尉）らがいる。佐藤の海兵卒業時の成績は四席であった。

日清戦争時の明治二七年九月一七日、佐藤は、砲艦赤城（七〇〇余トン）の航海長として、黄海海戦に参戦した。この海戦において赤城は被弾し、マストも折れ、全艦蜂の巣のような状態になった。艦長は戦死し、先任士官、および次席の佐藤も負傷した。赤城は、応急措置のため一時戦列を離れざるを得なくなった。

修理後、本隊を目指して再び動き始めたその時、同じく損傷して根拠地を引き上げる樺山海軍軍令部長座乗の西京丸とすれ違った。異様な格好の艦を発見した西京丸は、「貴艦名を報せられたし。いずこへ向かわれるや？」と問うと、赤城の指揮官をしていた佐藤鉄太郎は、「艦名は赤城。艦長戦死し、先任士官も重傷。その他死傷者多数。ただ今応急修理修了し、これより本隊に合流せんとす！」と応答した。これを知った樺山軍令部長は大いに感激し、自ら激励文を認めて赤城の壮途を見送った。

薄暮となって海戦が終了した時には、清国側の二隻が沈められ、二隻は逃走の途中で擱座し、定遠と鎮遠は中破となり戦闘能力を失った。一方日本側に沈没した艦はなかった。残存した清国の戦艦は威海衛で降伏し、やがて清国自体が降伏した。

明治二八年四月一七日、日清講和条約が調印された。その骨子は、(1)清国は宗主国として朝鮮を従属させることを止め、朝鮮の完全な独立を認めること、(2)遼東半島、台湾および澎湖諸島を日本に割譲すること、(3)清国側は日本に対して二億両(邦貨で約三億円)を賠償金として支払うこと、である。

ところがそれから一週間後の七月二三日、ロシア、ドイツ、フランスの三列強は、日本に対し、遼東半島の割譲を放棄するよう強要してきた。三国干渉である。いかに無法な要求であったとしても、もはや日本側には露独仏の列強を相手に戦う力はなく、やむなくこれに応ずるしかなかった。

三国干渉で主役を演じたロシアは、日本を対象とする露清同盟を結び、シベリア鉄道の北部満州通過と東清鉄道の施設権を獲得し、ロシア艦隊を旅順港に居座らせた。さらに明治三一年、ドイツが膠州湾の租借に成功すると、翌月には清国を保護するという名目で旅順と大連を租借し、さらに長春・旅順間の鉄道施設権も獲得した。

他方、フランスは広州湾を、そしてイギリスは威海衛を租借することに成功した。

明治三三年、義和団の乱が起ると、ロシアはこれに乗じて全満州を占領した。

日清戦争後、日本はロシアを仮想敵国に定めて、軍備増強と士官の養成に努めた。

明治三二年、佐藤鉄太郎は、山本権兵衛海相の命令で、英国と米国に都合二年間滞在して、帰国後『帝国国防論』をまとめた。『帝国国防論』は、「第一章　軍備」、「第二章　軍備の程度を定むるに際し調査すべき事項」、「第三章　国防の理論的歴史的研究」、「第四章　帝国国防」の四章から成っていた。

佐藤は、歴史を顧みれば平和の状態時期は極めて短く、戦争は人類にとって避けがたい事態であると断じ、「帝国の国防は海軍を主とせざる可からざる」と、「海主陸従」の主張をして、国防を実践するための「国防の三線」を提唱した。

これによれば、第一線は海上、第二線は海岸、第三線はわが国の近海、に分類するものであった。第一線では、敵の地上部隊が着上陸することを想定した国防であり、第二線においては海岸において敵の攻撃を妨げるものであり、第三線は内陸部に分け、最後に次のように結論づけた。

（1）帝国の国防の永遠に遵守すべき方針を確立し、軍事を論議する者がそこへ帰着するように、十分心得させておかなければならない。

（2）帝国の国防は、自主防衛に徹し、帝国の威厳と富と利益を確保し、平和を維持することを目的とする。

（3）帝国の国防は前条の目的を貫くためには、左記の要件を遂行するのに必要な軍備があってこそ実行できる。

イ、帝国と領土を確保し、敵を一歩も国内に入れないこと。

ロ、帝国と領土間の交通機関と海上における諸事業を保護すること。

ハ、戦争や事変が起きた時は、速やかに平和を回復し、勝利の成果を確保すること。

（4）帝国の国防は前条の目的を達成するため、制海権を握るための軍備を第一に重視し、列国の軍備を考慮して基準を設け、それが完全に整うように努力すること。

（佐藤鉄太郎『帝国国防史論（上下）』）

この中で佐藤は、国家の生存に必要な程度の軍事力に全ての国力を投下することは誤りであるとして、ロシアに対抗するためには朝鮮を緩衝地帯としながらも、陸軍力ではなく海軍力によって国防を遂行すべきであると説いた。

山本海相は、佐藤の『帝国国防史論』を明治天皇に献上した。山本としては、天皇の鶴の一声によって、「海主陸従」の方針を定めたかったが、その決着がつかないうちに日露開戦になった。

海軍大学校は休校となり、佐藤は、第二艦隊参謀として装甲巡洋艦出雲に搭乗した。

この第二艦隊には、ウラジオストックのわずか四隻の巡洋艦を始末する使命が与えられていたにもかかわらず、捕捉することが出来ず、このため上村司令長官の自宅には石が投げつけられたりしたが、八月一四日夜明けに至って、ついに出雲はロシアの主力艦三隻を発見して、一隻を撃沈、二隻を大破して面目をほどこした。

翌三八年五月二七日、日本海海戦において、佐藤が参謀を務めた第二艦隊第二戦隊は、目覚ましい活躍をした。

その後佐藤は、明治四四年海軍大学校の教頭となり、大正二（一九一三）年第一艦隊参謀長、三年四月海軍省軍令部第一班長兼海大教官、四年八月一〇日海軍省軍令部次長、同年一二月一三日海軍大学校校長に就任した。五年一二月一日中将に昇進し、一一年四月待命となり、一二年三月予備役に編入された。

大正四年八月、軍令部次長に就任したにもかかわらず、わずか四か月で海大校長に更迭された。この裏には、あくまでも八八八艦隊の一挙完成を求める佐藤と加藤友三郎海相との路線の対立があった。

「日本のマハン」とまで言われた佐藤鉄太郎は、昭和九年から勅選貴族院議員に就任し、昭和一七年三月、七六歳で他界した。

左近司政三と近藤英次郎、および下村忠助・正助兄弟

終戦時、鈴木貫太郎内閣の国務大臣として米内光政（海兵二九期）海相を陰で助けた左近司政三（海兵二八期）の出身地は、日本近代史料研究会編『日本陸海軍の制度・組織・人事』（東京大学出版会）によれば「大阪」となっているが、実際は実父の左近司政記と母梅の三男として、明治一二年六月二七日、米沢片五十騎町で生まれている。

政三の養父（政記の末弟）の左近司六郎は、上杉茂憲が第二代の沖縄県令に就任した際に随行して沖縄県吏となったが、茂憲が元老院議官に転出するのに伴って一緒に帰朝し、その後大阪で勤務したため、本籍を大阪に移した。

政三は、当時海兵の予備校として名高かった古賀喜三郎の海城学園から、明治三一年一月、海兵に入校した。

在学中の明治三二年一二月、学術優等生および品行善良賞を受け、三三年一二月、一〇四名中八席で卒業し、明治四二年には海

左近司政三

近藤英次郎

軍水雷学校高等科（四期）を首席で修了した。

左近司政三は、軍政面において米沢海軍を代表する人物であり、昭和五年の補助艦に関するロンドン海軍軍縮会議では首席随員を務めた他、練習艦隊司令官や第三艦隊司令長官、佐世保鎮守府司令長官などを歴任した。有力な海軍大臣候補であったが、米沢海軍内の「艦隊派」であった近藤英次郎や南雲忠一らの強請によって、昭和九年三月予備役に追い込まれた。この時の経緯については、後に詳しく述べる。

ところで「条約派」の左近司政三を予備役に追いやった近藤英次郎は、幕末、桐生から米沢藩に織物の指導に来た近藤金太郎の孫に当たり、明治二〇年九月一二日、米沢市今町（現・相生町二丁目）で、近藤勇太郎の二男として生まれた。

英次郎は、米沢中学卒業目前の明治三八年元旦、突如出奔して上京し、叔母の夫である代議士長晴登の書生となった。新聞配達をしながら予備校に通って受験勉強して、同年一二月海兵（三六期）に入校。明治四一年海兵を卒業、大正一〇年には海軍大学校を卒業した。

海軍中尉に昇進した英次郎は、第一次世界大戦中は、巡洋艦比叡に乗組み、青島上陸戦に参加、その後米国に駐在し、ヴァージニア大学に学び、第一遣外艦隊参謀、海兵教官、兼監事等を歴任した。その後英次郎は、昭和四年一一月大佐に進級し、昭和八年航空母艦加賀艦長、第三艦隊参謀長を歴任した後、昭和一一年少将に昇進した。

日中戦争では、第十一戦隊司令官として、南京攻略遡江《そこう》作戦の指揮を執り、その後館山航空隊司令となり、昭和一四年一一月予備役編入となった。昭和一七年四月、いわゆる「翼賛選挙」において衆議院議員に当選したが、敗戦によって公職追放となり、昭和三〇年、享年六八歳で他界した。

加賀艦長時代に英次郎は、佐世保鎮守府司令長官の左近司政三に対して引退を強請したため、佐世保鎮守府参謀長だった米沢出身の片桐英吉（三四期）少将から厳しく諌められた。

下村忠助《ちゅうすけ》（海兵三〇期）と下村正助《しょうすけ》（海兵三五期）の兄弟は、『陸海軍将官人事総覧［海軍編］』によれば「北海道」出身とされているが、実際はいずれも米沢生まれである。兄弟の父の下村恭助は、米沢藩『慶応元年分限帳』の組外御扶持方の欄には、「文久元年四月家督、壱人半扶持三石五斗」と記されている。

明治二年七月八日、政府は官制改革を実施し、神祇官、太政官、民部省、兵部省、刑部省、宮内省、外務省、開拓使、集議院等を設置した。

開拓使が設置されたとはいうものの、ここの役人だけで北海道全域を統治することは不可能だったため、政府は応急対策として、開拓使の直轄地に定めて、館藩（旧松前藩）以外は、省（兵部省）、藩、士族、寺院等に分類して支配させるという分領支配政策を執った。

同年七月二二日、蝦夷地開拓の方針を旨とした太政官布達が出された。これを受けて同年九月八日、米沢藩では、藩知事名をもって太政官弁官宛に開拓方を出願した。

出願したとはいうものの意欲的な開拓出願ではなく、有珠《うす》郡に入植した仙台藩支侯の伊達邦成（亘理城主）や石狩当別に入植した同伊達邦直の例を見習って、政府の督促を受ける前に、「其の機を察し、早急此の方より願出ることが肝要」との宮島誠一郎の勧めに従って、止むを得ず出願したものであった。

九月一五日、開拓使は米沢藩の支配地について、「後志国磯谷郡之内、後別川西、但川西ノットを以て境界」とすることを決定した。このため九月一七日、支配地の受取方についての伺を開拓使庁に提出して、二二日、米沢藩知事名で、弁官へお礼言上した。

一〇月二日、支配書の受け取りを箱館表で行う旨の回答を得たため、米沢藩では、山田民弥（御馬回り二〇〇石）、真野寛助（御勘定頭筆頭）、入沢伝右衛門（役所役）、吉田元碩（外様法体）、下村恭助（平勘定役）、浜崎八百寿（木鱗）らが、横浜港よりロシアのコーリール船に乗って箱館へ向かい、二四日同地に到着した。山田の日誌には、「箱館人家四千軒、戦後の復興で新普請の家」と記されている。

一行は箱館開拓使庁で支配地受け渡しの打ち合わせを終えた後、一一月八日、任地の磯谷に到着して、一一日、支配地受け渡しを完了した。その後、明治四年八月二〇日に分領支配が廃止されるまで、米沢藩はどうにか支配権を維持したが、開拓面では消極的であり、見るべき成果を出さなかった。

政府の政策に対応して、一省、一府、二四藩、二華族、八士族、二寺院の合計三八分領地に及んだが、最後まで支配を維持したのは、一三藩、二華族、六士族、二寺院に過ぎなかった。

明治四年八月、国の北海道分国支配政策は廃止となり、米沢藩の磯谷の支配地については開拓使への返還を命じられた。こうして北海道の拠点は札幌に移り、その後は開拓使によって本格的に開発が行われることになった（『米沢市史（近代編）』二九～三二頁）。

米沢藩の中條政恒は、過剰士族対策として、慶応年間から米沢藩士族の半数を蝦夷地へ送り出す計画を立てて藩当局へ建言していたが、これは福島県の大規模な開拓である安積開拓となって実を結んだ。

ところで下村兄弟の出身地が「北海道」となっていたのは、下村恭助が磯谷に滞在していた間に、兄弟の将来性を考えて本籍を移したためである。

下村忠助中佐は、明治一〇年一〇月八日、南置賜郡（現・米沢市）館山屋代町において、恭助の二男として生まれた。長兄は敬助といった。幼くして母と死別した忠助は、父と共に北海道根室に移住した。中学進学のため帰郷し、米沢中学に進んだ翌年、父は他界した。

明治三二年、海兵（三〇期）に入校した。同期生には、百武源吾、松山茂のほか、今村信次郎、松浦松見、池島宏平ら同郷の七名がいた。日露関係がきな臭くなっていた明治三五年一二月、下村忠助は、海兵を一八七名中八番の好成績で卒業した。百武源吾が首席で、今村が次席であった。

忠助は、明治四一年九月練習艦隊参謀、四三年七月横須賀鎮守府副官参謀を経て、四三年一二月、同期生の中で最初に海軍大学校甲種学生（一一期）に入学した。海大同期としては、左近司政三、高橋三吉、藤田尚徳らがおり、四五年五月、ここを首席で卒業した。

大正元年一二月少佐に昇進し、淀水雷長を経て、軍令部参謀として海軍中央勤務となり、次いで海軍省副官兼海軍大臣秘書官となった。当時の海軍大臣は、八代六郎および加藤友三郎であった。海軍省副官兼海相秘書官というポストは、今日の会社で言えば、「総務部第一課員兼社長秘書」に相当し、将来の最高幹部の足掛かりとなる重要なポストである。

大正四年九月八日、観戦武官としてイギリスの巡洋戦艦クイーン・メリーに乗艦したが、翌五年五月三一日、クイーン・メリーは、第一次世界大戦中最大の海戦となったユトランド沖海戦で撃沈されたため、不運にも忠助は、妻と一男一女を遺して戦死した。享年三四歳だった。もし天運味方して、下村忠助中佐があと一〇数年海軍勤務を続けたならば、釜屋忠造・六郎兄弟のように、下村忠助・正助の両中将が誕生したであろう。

一方の下村正助は、明治一八年一月九日、米沢で生まれた。大正五年海軍大学校甲種学生として入校、同期に片桐英吉や名古屋十郎がいる。この時の首席は堀悌吉（三二期）であった。正助は、昭和五年一一月在米国日本大使館付武官（大佐）、軍令部第五（情報）課長を歴任する。彼は情報部門のエキスパートであった。

この下村正助について、大井篤（海兵五一期）大佐は、次のようなエピソードを紹介している。大井は明治三五年一二月生まれで、鶴岡中学を経て大正一二年海兵を卒業した。最終章で登場する工藤俊作と海兵同期である。

昭和五年から七年まで米国ヴァージニア大学とノースウェスタン大学に留学した。昭和九年から一一年まで海軍大学校甲種学生として学び、昭和一二年上海事変勃発と共に駐米日本大使館海軍武官室に勤務した。

大井は、同郷の鶴岡出身の佐藤鉄太郎中将の四女と結婚している。大井は、井上成美と同様に海軍最左派に属し、対米戦争に反対した硬骨漢である。その大井は、『潮騒』九月号に、下村正助中将について、次のような想い出を書いている。

「小林仁《まさみ》さん（米沢中学を経て海兵三八期入学、明治四三年一四九名中四席で卒業。昭和一一年アメリカ大使館付武官補佐官を経て軍令部第五課長。一八年四月第四艦隊司令長官。中将）が海軍省人事局で少佐・大尉級人事の補佐を担当しておられた時、昭和五年五月一日付で米国駐在を命ぜられた。……当時下村さんは賛成派の中枢の海軍省におられ、しかも堀悌吉軍務局長の特別補佐として、専ら条約関係を担当していたのだから、まさに『条約派』中枢の中堅という立場にあった。……私はその後も幾度か下村さんの部下として仕えたり指導を受けたりしたわけだが、情報の事にかけてのセンスの鋭さにかけては、下村さんはまさに日本随一だったと、私は今でも思っている。ところでデュポン・サークル（日本大使館とホワイトハウスの中間で市の中心部の一角にあった海軍武官事務所の呼び名）の事務所は、歴代海軍武官（山本五十六、坂野常善、長谷川清）が使っていたもので、場所的に便利だが、機密保持の面で致命的とも言えるような欠陥があった。……デュポン・サークル事務所は、ＦＢＩの忍び込みに対し、隙だらけだった」（松野良寅『海軍の語り部』一二一～一二二頁）

下村正助は、第五水雷戦隊司令官、第一潜水戦隊司令官、第十・第十四各戦隊司令官などを歴任し、昭和一二年一二月大湊要港部司令官に任ぜられ、一三年一一月中将に昇進した後、一四年一二月予備役編入となった。

明治・大正期の「米沢海軍」の散華者

日本がロシアに対して国交断絶を通告したのは、明治三七年二月六日のことである。

日本海軍では、バルチック艦隊の来航に先んじて、旅順港に停泊しているロシア艦隊を撃滅する必要があった。このため、乃木希典陸軍大将を司令官とする第三軍を編成して二〇三高地を攻略し、旅順港の裏側から湾内にいる艦隊を潰そうとしたが、なかなか果たせないでいた。

この旅順要塞攻略戦が開始されるずっと以前から、日本海軍内では旅順口閉塞作戦が練られており、日露戦争が風雲急を告げた明治三六年秋、米西戦争（一八九八年）におけるサンチャゴ閉塞作戦の研究が行われていた。

旅順口の幅は二七三メートルと狭く、戦艦のような大艦が通航できる幅は、僅か九一メートルしかなかった。このため、この港口に何隻かの船を沈めれば、ロシア艦隊は港内から出られなくなると考えた。

かくして有馬良橘海軍中佐（後に大将）を総指揮官とする第一次閉塞戦が二月末に決行されたが、敵の探照灯に発見され、すぐさま砲弾を浴びた。五隻の第一次閉塞船のうち報国丸と仁川丸の二隻だけが港口に達したが、両船とも浅瀬に乗り上げてしまい、ロシア艦隊の航行妨害の成果を上げることが出来なかった。三月末、前回同様有馬中佐を総指揮官として第二次閉塞戦が決行された。しかしこの閉塞戦もロシア側に事前に察知され失敗に終わった。

第三次閉塞作戦は、一挙に一二隻もの船を沈めて、旅順口の水路を完全に塞ぐという大掛かりなものであった。

✺笠原三郎大尉（二七期）

この決死行には前の二回をはるかにしのぐ六八〇〇名にものぼる志願者があり、二四四名が選ばれた。その中に米沢出身の笠原三郎大尉（筑紫乗組）がいた。

笠原三郎大尉は、母校が米沢尋常中学興譲館と校名変更された年の卒業生で、明治三二年海兵を卒業（二七期）して笠間乗組となり、三六年一一月三〇日天龍分隊長心得、三七年五月二日海軍大尉に進級した。

第三次閉塞隊の総指揮官は鳥海艦長の林三子雄中佐だった。笠原が乗り込んだ小樽丸（三〇〇〇トン、指揮官野村勉少佐）も含め、新発田丸以下一二隻の閉塞船は、五月二日夕刻、旅順口に向けて、朝鮮沿岸の日本艦隊根拠地を出航した。ところが突然強風が吹き出したため、暗闇の海上では各船の航行隊形が乱れ始めた。総指揮官の林中佐は、再起を期して「閉塞中止」を命じたが全船隊に徹底せず、大半の船は港口に殺到して思い思いの場所で爆沈することになった。

爆沈後の隊員の収容作業は、激しい砲火をかいくぐって敢行されたが、閉塞船八隻の隊員一五八名中、収容された者は六七名に過ぎず、一七名が敵艦艇に収容されたものの、残りの七四名は小樽丸指揮官付の笠原三郎大尉も含めてことごとく壮烈な戦死を遂げた。

✺大瀧道助中佐（一七期）

第三次閉塞作戦では、米沢海軍の勇士がもう一人いた。掩戦隊一員だった大瀧道助中佐である。

大瀧道助中佐（一七期）が任官したのは、明治二五年一二月二七日である。三五年一一月二四日松島分隊長となり、三六年九月一四日第十艇隊司令班長に補され、三七年五月三日の第三次旅順口閉塞戦の掩護に功績があったため、翌三八年六月二〇日に感状が授与された。その後橋立副長となり、明治四一年教育本部副官を経て、四四年五月第十二駆逐隊司令となった。

この年の一一月二三日、大瀧は駆逐艦春雨に坐乗して横須賀を出港して紀州和歌の浦へ向かった。その途中、思わぬ暴風雨に遭って座礁。離礁不能と判断した大瀧は沈没直前に総員を艦橋に集め、君が代を奏し、万歳三唱して泰然として殉職した。享年四四歳であった。大瀧道助中佐は、米沢海軍公死者の第一号となった。

✺池田宏平中尉（三〇期）

明治三八年五月二七日の日本海海戦では、米沢海軍の池田宏平中尉（三〇期）が戦死した。

池田は水雷戦隊の一隻である雷に乗り組んで参加したが、激しい砲火を浴びたため雷艇内で骨折・砲瘡によって、五月三〇日に息をひきとった。

第2章

大正期の「米沢海軍」

ワシントン海軍軍縮会議で加藤友三郎全権を補佐した山梨勝之進

日本が八八艦隊建設に邁進する中で、大正五年を境に海軍予算は陸軍予算を上回り、大正一〇（一九二一）年には国家予算に占める割合は三二・五％にも達するようになった。このような状態をそのまま許せば、大正一一年度の国家予算に占める軍事費の割合は、海軍予算の膨張に伴って、何と六〇％にも達することが予想された。

一方アメリカは、一九一六（大正五）年のいわゆる海軍法によって、三年間で戦艦一〇隻、巡洋戦艦六隻、巡洋艦一〇隻を含む合計一八六隻に上る膨大な建艦計画を立てた。一般に「ダニエルズ・プラン」といわれたこの大海軍プランが完成すれば、アメリカは第一次大戦中の世界第四位の地位から、一挙にイギリスを抜いて世界第一位になるはずであった。

さてイギリスであるが、第一次大戦の休戦当時には一一三万六〇トンに達し、世界の全ての海軍力を合算したものに匹敵するほどだったが、休戦と同時に、注文済および建造中の軍艦六一隻と老朽艦などを廃棄して平時編成に戻した。

ところがアメリカは一九一六年の海軍法を中止せず、日本もまた一九二〇年七月、八八艦隊の建造計画を発表した。このためイギリスも一九二一年二月、超フット型戦艦四隻の建造計画を発表した。かくして日米英の三国間で、熾烈な建艦競争が起きることになった。

山梨勝之進

山梨勝之進は、明治一〇年七月、仙台藩士山梨文之進とみきの長男として、仙台市中島町（現在の青葉区八幡町一丁目）で生まれた。
海軍兵学校（二五期）に入学し、ここを第二席という極めて優秀な成績で卒業して、恩賜品を拝受した。同期には後述する四竈孝輔《しかまこうすけ》（後に海軍中将）がいた。その後勝之進は海軍大学校甲種学生（五期）を卒業した。海大卒業後の勝之進は、明治四一年二月から四三年三月まで、山本権兵衛海相の副官兼秘書官を務め、大正七年、海軍省軍務局第一課長に就任した。そして大正一〇年九月から一一年二月まで、ワシントン海軍軍縮会議随員として加藤友三郎海相を補佐した。
今日、米沢～仙台（山形市経由）間は約一一〇キロあり、高速バスで一時間三〇分かかるが、奥羽越列藩同盟の会議が開かれた米沢～白石間は、わずか四五キロしかない。米沢から白石に抜けるには、伊達政宗生誕の地である高畠町から二井宿《にいじゅく》を抜けるのが最短であるが、クルマだと一時間もかからずに行くことが出来る。
米沢と仙台は、幕末維新期は奥羽越列藩同盟の盟主として共に苦労した。米沢と仙台（宮城）出身の海軍士官たちは、「白河以北一山三文」と揶揄されるたびに奥歯を噛みしめざるを得なかった。似たような境遇から、旧米沢藩と旧仙台藩の士官の間で縁戚関係を持つ者が多くいた。

　山梨勝之進もまた、米沢海軍の人脈につながる士官と言っていい。山梨勝之進は加藤友三郎の日米英協調の思想を受け継ぎ、米内光政、山本五十六、堀悌吉、井上成美と連なる「海軍条約派」の中心的存在であった。宮城県仙台市の出身ながら、隣県である「米沢海軍」の人脈に深くつながっている。

　旧米沢藩士の宮島誠一郎の五女竹子は、仙台出身の四竈孝輔海軍少将の妻である。

以前筆者は、『海軍良識派の支柱山梨勝之進―忘れられた提督の生涯』を執筆した際、勝之進の先祖について調べた。東置賜郡赤湯の隣に「梨郷《りごう》」という村があり、ここに勝之進の先祖がいたのかと思い調べてみたが、確たることは分からなかった。仙台に転封される前の伊達家は、もともと米沢から高畠辺りだった。

　筆者の工藤家の先祖は、西置賜の中心の長井を治めていた政宗の忠臣・片倉小十郎の家老をしていた。仙台藩士の多くは、関ヶ原の戦い以前は、米沢・置賜地方に住んでいた。

　全国的に珍しい「しかま」という姓も、「四竈」「四釜」「色摩」「志釜」といろいろあるが、置賜地方では決して珍しい姓ではない。

　大正一〇年の海軍費は予算全体の三二％を占め、軍事費総額の四八％にも達していた。

　大正から昭和にかけて時事新報社の海軍担当記者として名高かった伊藤正徳は、「戦争はもう真っ平な筈だ。しかもなおこれに備えるのは、侵し難い立場を保持するためである。己を守る人間の本能、独立を守る国の本分に基づくものだ。主張を重からしむる支えとしての意味もある。正論でも裸で威張り叫ぶだけでは通用しない世の中である」と語った。

一一月八日、トリビューン紙が「日本は依然として八八艦隊の完成に固執していると報じたのに対して、加藤友三郎《ともさぶろう》（七期、広島）全権は、「国家の安全が保たれるのであれば、八八艦隊に固執するつもりはない」と柔軟な姿勢を見せた。

一一月一五日の第二回総会において、友三郎が「日本は米国政府の軍備制限に現われたるその目的の誠実なるを深く多とするものなり。日本は本提案が各国民をして著しく冗費を免れしめ、且つ必ずや世界の平和を助長すべき思いで満足するものなり。日本は欣然右提案を主義において受諾し、敢然海軍軍備の代々的削減に着手するの用意あり」と述べると、各国全権や聴衆の間から、「ブラボー、ブラボー、アドミラル・カトー！」の声が湧き上がった（外務省編『ワシントン会議軍備制限問題』一三四頁）。

一一月一六日の海軍専門家による第一回海軍分科会において、日本側首席随員の加藤寛治《はるひろ》（一八期、福井）中将は、①日本の保有する戦艦の対英米比率を一〇対七にすること、②戦艦陸奥を復活すること、③航空母艦を英米と同等にすること、などを要求した。

一一月一九日、米国全権ヒューズ（国務長官）の要求によって、国務省において第一回加藤（友）・英国全権バルフォア・ヒューズによる三国全権会議が行われた。

席上友三郎が、勢力比率問題について再度言及したのに対して、ヒューズは、「現有勢力を計算せるに、（日本は）四八％又は五〇％なる如し。故に好意をもって六〇％とせり」と述べた。これは現有勢力について、米国側が既製弩級艦および建造中の主力艦トン数によって計算したのに対して、日本側は現に存在する海軍勢力で、かつ戦闘航海に耐え得るものであり、また未成艦は含まれないとの基準の下に計算した結果であった。かくして専門家会議は不調に終わることになった。

わが修正案の通過の困難を看取した日本全権は一一月二三日、政府に対して、①あくまでもわが提案に同意するか、②比率を一〇対六・五前後として陸奥を加えるか、③一〇対六として陸奥を加えるか、④アメリカの原案を呑むか、の四案のうち、いずれを採るべきかを請訓するとともに、海軍制限問題でアメリカと衝突し、それがためにこの会議を不調に終わらせた場合、日本が全責任を負わなければならない、と述べていた。

これを受けて日本政府は一一月二八日、次の回訓をワシントンに送付した。

「ご来示の如く海軍制限に関し、英米特に米軍と衝突を避くること必要なるにつき、飽く迄和衷的態度を持し、わが提案を貫徹するよう全幅のご努力ありたく、もし已むを得ざる場合においても、貴案第二、一〇対六・五にして、これを協定するよう務められたく、閣下のご努力にも拘らず、なお四国の情勢と大局の利益のため、譲歩の已むを得ざる事態となり、貴電第三案に落ち着かざるを得ざる場合には、太平洋防備の減縮、又は少なくとも現状維持の了解を確保し、以て米国艦隊の太平洋における集中活動を減殺し、これと均等を保ち、一〇対六に協定したる意を明らかにし得る途を十分取り得るよう努められたく、第四案は出来る限り避けられたし」

一一月三〇日の三国海軍専門家会議が失敗に終わったため、一二月一日午前、英国全権のバルフォアは友三郎の許を来訪し、「比率問題に関し協定を得ざる時は、海軍制限は全部破壊と覚悟することを要し、その結果は四国協商、極東太平洋問題にも影響すべく、何とかこれに対し考慮を加えざるや」と申し出た。

これに対して友三郎は、「海軍制限とは別問題ではあるが、ここに政府並びに国民が希望することがあります。それは南洋太平洋の防備問題です」と述べた。

さらに友三郎は、「米国はフィリピンとグアムに巨費を投じて要塞を築き、大海軍の根拠地を作るようないろいろな報道が新聞紙上を賑わしているが、日本国民はこうした報道に神経を苛立たせています。……したがって南洋諸島の防備に関して、何らかの了解を得ることが出来れば、日本国民として安心することが出来ます」と答えたところ、バルフォアは、「この問題について何らかの形において協定が成立するならば、海軍制限に対する日本国民への説明となるのか」と質し、「この話をヒューズに話してもいいか」と、念を押してきた。

さてヒューズは友三郎に対して、「現有勢力の意義について言うのならば、日本側は未成艦を除外する理由として、直ちに戦闘航海に耐え得るものでなければ、現在勢力と認めることは出来ないと主張されるが、私の考えとしては、未成艦と言っても八〇または九〇%の工程を終わっており、二三週間、あるいは二、三カ月中に戦闘に参加し得るのであれば、これを現勢力とみなすのは当然のことである。また竣工している軍艦の中にも、数週間あるいは数か月の修理で戦闘航海に耐えられない老船などがあることは、各国同様であると思う。それ故に三億ドル以上を費やした一五隻の未成艦を廃棄して、これを現在の勢力から除外するのは、到底自分の国民に説明することが出来ない」と述べた。

さらにヒューズは「陸奥は九八%の工程であるから未成艦に算入した」と述べて、「国家安全論より見れば、米国は東西両大洋に面しており、理論的に言うのであれば、その艦隊は両分せざるを得ないと考えるならば、日本は有利な地位にいると言ってよい。また人口、富力、その他種々の点を考慮に加えなければならない。例えば英国は、欧州の列強の中にあって、しかも全世界に植民地を持っていることからして、日米両国よりもはるかに有力な勢力を必要とするという議論さえ成り立つのである。このように国家安全論を基礎として今回の目的に対する案を立てようとすれば、議論が混乱して到底まとまらないであろう。したがって現勢力を基礎にして立案した次第である」と語った。

一方バルフォアは、「五・五・三の比率が適当と思う」と述べ、英国側の考えを初めて明らかにした。さらに太平洋防備問題については、「四国条約に関連して研究するのが良いのではないでしょうか？」と語ったが、これに対してヒューズは何ら返事をせず、会議を打ち切った。

加藤友三郎、太平洋防備問題を条件に六割受諾

英米が密接に同一歩調を取り、ことにバルフォアが一〇対六の比率を妥当とする積極的態度を取るようになったことを、日本側は重視した。そこで友三郎は、今後の方針について政府に請訓を仰いだ上で、一二月一二日、ヒューズおよびバルフォアと相次いで会談した。席上、友三郎は次の「覚書」を読み上げた。

①比率問題に関しては、一〇対六を承認する。

②但しその承認は、太平洋における要塞および根拠地の現状維持について、明瞭なる了解の

成立を条件とする。

③防備問題は日米英仏の四国とすれば、さらに世界平和に貢献する。

④陸奥に関しては、アメリカ側は工程九八％の未成艦とみなしているが、事実は去る一〇月末、既に完成した新艦であって、代金も支払い全部艤装も終わって全定員を置き、現に二八〇〇マイルの航海を行っている。そこで陸奥を保持する代わりに、摂津を廃棄することを提案する。

これに対してヒューズは、「太平洋防備問題中にハワイを加えることは、米国政府は断固反対するが、フィリピンおよびグアムの現状維持については完全に同意するものである」と答えた。

バルフォアもまた、「日本の提案に賛成するものである。香港は現状維持を守るが、但しオーストラリアおよびニュージーランドはこの制限外に置くものとする」と述べた。こうしてワシントン海軍軍縮会議は、最後に陸奥の取り扱いをどうするかだけということになった。

陸奥問題について、一二月一四日と一五日の両日、三か国全権会談が開催された。

この結果、陸奥を復活させる代わりに、米国は建造中のメリーランド級の戦艦二隻、すなわちコロラドとウェスト・ヴァージニアを完成して、ノース・ダコタとデラウェアの旧式艦二隻を廃棄する。一方英国は、新艦二隻を建造して、キング・ジョージ、センチュリオン、アジャックス、およびエリンの四隻を廃棄することにした。

代艦建造計画によって建造される主力艦の総トン数は、次のように決まった。

米国　五二万五〇〇〇トン

英国　五二万五〇〇〇トン
日本　三一万五〇〇〇トン

仏伊はその後の交渉によって、米国案の一七万五〇〇〇トンをそれぞれ承認した。ここに三大海軍国軍艦の勢力均衡問題は解決し、一二月一五日に発表された。

防備制限区域（香港を含む）における要塞および海軍根拠地に関し、現状維持の合意が成立した。ただしこの制限は、ハワイ諸島、オーストラリア、ニュージーランド、および日本本土を構成する諸島には適用されず、またアメリカやカナダの沿岸にも適用されないこととされた。

ところが発表後英米側は、「日本本土を構成する諸島」に疑問を持った。それは本協定の適用区域が明らかでなく、殊に小笠原および奄美大島が日本本土を構成するものとして除外されるとすれば、不公平であると考えたためである。そこで英米側としては、東経一一度から一八〇度にわたる地域を、防備制限区域に含ませようとした。

これに対して日本側は、小笠原、奄美大島、台湾、澎湖島のみが日本本土から構成する諸島から除外されるのであって、①樺太南部は制限外であること（ただし同島は、ポーツマス条約によって要塞化が禁止されている）、②アリューシャン列島は制限内に入るが、千島列島は制限外であること、③日本本土の南方には、小笠原、奄美大島以外に多数の島嶼があるが、琉球以外には海軍根拠地を設けるような島はない、と主張した。

このためさらに交渉を重ねた結果、日本側が譲歩して、小笠原や奄美大島はもちろんのこと、千島列島、琉球、台湾、澎湖島を制限内に入れることにした。一方米国側は、アリューシャン列島を制限内に加えることにした。

日本は、わが国を攻撃しうる距離内にある米英の海軍根拠地の軍備を強化しない保証を得た。

侍従武官四竈孝輔の深憂

四竈《しかま》孝輔《こうすけ》は、明治九（一八七四）年一〇月二六日、仙台藩家老四竈信直の四男として誕生した。

明治三〇（一八九七）年一二月、海軍兵学校（二五期）を卒業し、三二年二月少尉に任官、日露戦争の際は、宇治の航海長として出征した。三八年五月二七～二八日の日本海海戦の時は第二艦隊参謀であった。その後、呉鎮守府参謀兼副官、南清艦隊参謀などを経て、明治四二（一九〇九）年一一月、海軍大学校（甲種七期）を卒業した。

敷島・薩摩の各分隊長、皇族付（伏見宮博恭王付）武官、第三艦隊参謀を歴任した後、敷島・肥前・霧島の各艦副長、第二戦隊参謀に補任された。

大正五（一九一六）年、大佐に昇進し津軽艦長に就任して、翌年第一次世界大戦に従軍した。六年二月二一日東宮武官兼侍従武官となり、一〇年一二月一日海軍少将に進級した後、一二年一二月一日軍令部出仕となった。

一三年二月大湊要港部司令官を経て、一四年一二月一日中将に累進して、一二月五日待命、一二月一六日予備役編入となった。その後昭和九（一九三四）年からは伏見宮付別当を務めた。

前述したが、孝輔の妻は、「米沢海軍」の中心的人物の一人である宮島誠一郎の五女竹子《たけこ》で

四竈孝輔

ある。長男は孝夫、二男二女は早死し、三男の安正は水産学者、四男信治は陸軍大尉で昭和一七年一二月一三日戦死した。姪の孝子は山口多聞海軍中将に、同じく姪の富子は千葉慶三海軍少将に、同じく姪の歌子は宮崎陸軍大佐に、同じく姪の信子は奥宮正武海軍中佐にそれぞれ嫁いでいる。

ところで侍従武官とは、天皇に常時奉仕し、軍事に関する奏上や奉答、命令の伝達の任に当たる陸海軍人のことである。侍従武官は天皇側近の侍臣ではあるが、侍従とは異なる性質の職務であるため、毎朝天皇が御学問所という御殿に出御になると、一度拝謁する他は、軍事上の御用のない限り、常時側近として奉仕しない。しかし大正天皇の場合は、晴天の日には必ず吹上御苑を御散歩されるため、この際には侍従と共にお供をすることになっていた。

孝輔の「米沢海軍」人脈としては、義兄に山中柴吉中将、山下源太郎大将、上泉徳爾中将がいた。また孝輔は、六、七歳年下で縁戚でもある長岡出身の山本（高野）五十六（三二期）や五十六の親友の堀悌吉（三二期、大分県杵築）を、実の弟のように可愛がった。五十六と礼子の挙式や、そして堀悌吉と千代子の婚礼の際にも媒酌人を務めた。しかも堀悌吉の場合は、最初の結婚式のみならず、再婚の際も孝輔が媒酌人を務めた。

孝輔は、山梨勝之進大将とは旧仙台藩出身で海兵同期ということもあって、心を許す間柄だった。

大正六（一九一七）年二月二日、孝輔は、魚雷発射教練のため千葉沖に出勤中に転勤の無電通知を受け取った。午後三時に帰港し、すぐに鎮守府に参謀長を訪れたところ、大正天皇の侍従武官補任の通知があった。このためすぐに葉山御用邸に電話して、向井武官（少将）に赴任の時機を問い合わせた。

二月二三日午前一一時、孝輔は葉山御用邸に着任し、御座所において大正天皇・皇后に拝謁した。この時孝輔は四〇歳であった。翌二四日、孝輔は夕食後、妻竹子の実家である千駄ヶ谷の宮島家と、竹子の姉の松代が嫁いだ海軍大佐高倉正治家を訪れ侍従武官就任の挨拶をした。

三月一二日（月）午前八時、留守宅より電話があり、「前夜午前一時、女子が誕生。母子ともに無事」と伝えてきた。この時に生まれた女子が三女の幸子である。孝輔は幸子の誕生を祝して、「あなうれし　みゆきの浜に御幸の日　うぶごえあげし　和子よさちあれ」と、喜び溢れる和歌を詠んだ。

三月一五日（木）、この日は、亡父宮島誠一郎の七回忌の法要が営まれた。参会したのは、保科忠二郎に嫁いだじゅん（伯母）と長男の孝一（後に東京文理科大教授、国語学者）、上泉徳弥中将、小森沢祝三（妻竹子の兄）、宮島吉敏、宮島熊蔵、および山下一郎、山中謙次である。

六月四日の日記には、「終日在宅。大工来り玄関、湯殿を修繕す。自宅ならば免も角、借家に自ら手入れは不必要ならんとの説もありしも、生涯自宅を持つ余裕なき身には住む間許りも幾分心地よき住居ならしめんとするもまた無理とは思はず」と記述している。

当時の海軍大佐の給料では、侍従武官になっても自宅を持つのが難しかったことを示している。

続いて七月一〇日付では、「午後三時より四時まで御日課の御乗馬あり。扈従《こじゅう》す。夜に入り絵絹二枚賜はる。兼てより上呈すべく御下命ありし絵を未だ御覧に供せざるため、今度此の絹地に是非とも試みよとの御沙汰なり。嘗て大胆にも下手の尺八を御前に演奏せし例はあれども、今度の御沙汰こそ絶体絶命閉口頓首。さりながら大命如何とももだし難し。只々畏みて時日幾分の御猶予を請ひ奉り、謹みて御命御請け申し上げ退出す」とある。

天皇の注文は、先日の尺八の演奏に続いて、今度は日本画を供覧せよとのことであり、これには孝輔もほとほと弱り切った。しかしこうしたやり取りを通して、御上と孝輔の関係は一段と深まっていった。

大正七年五月二五日（土）には、実弟のように目をかけてきた海大在学中の堀悌吉少佐と山口千代子との結婚式があり、孝輔が媒酌人を務めた。

堀悌吉は明治一六年、大分県速見郡八坂村（現在の大分県杵築市）で、矢野彌三郎の二男として生まれ、一〇歳の時、堀家を相続し「堀」の姓に替った。明治三四年一二月、海軍兵学校（三二期）に入学。ここで海兵を第二席で合格した高野（山本）五十六と出会い、生涯の友となった。

明治三七年、悌吉は、海兵始まって以来の優秀な成績の評価を得て首席で卒業し、翌年の日本海海戦に従軍した。明治四四年、二八歳の時、四竈孝輔の紹介で、大正天皇の侍医川村正治の娘敬子と結婚したが、その三か月後、敬子が腸チフスに罹り、二二歳の若さで亡くなった。

大正二（一九一三）年、悌吉はフランス駐在を仰せつけられ、三年一二月には海軍少佐に進級、五年五月に帰朝、一二月に海軍大学校に入学した。山口千代子との再婚も四竈孝輔の紹介によるものだった。

大正七年五月二八日、孝輔は、閑院宮に随伴して佐世保に赴いた際、山下源太郎義兄の子息四郎が刺殺された現場の児童公園を訪れて、その霊を弔った。

六月一八日の夜、孝輔邸を堀夫妻と軍務局第二課に勤務する山本五十六が訪れている。日記には「縁談大いに進捗す」とある。「進捗」とは、五十六と三橋礼子との縁談のことである。五十六と三橋礼子は七月一六日に結納を取り交わし、大正天皇の誕生日である「天長節」の八月三一日に結婚式を挙げた。

孝輔にとって大正七年は、自分の媒酌によって、目をかけていた堀悌吉と山本五十六が相次いで華燭の典を挙げたこともあり、慌ただしくもおめでたい年になった。

日記にはこんなエピソードも出てくる。

それまで海軍士官にはボーナスはなかった。ところが年末に賞与が出るという噂が立ったため、悌吉と五十六は孝輔の妻の竹子に報せた。冗談だと思った竹子は取り合おうとせず、「もし本当に賞与が出たら一割五分はあげるわよ」と冗談半分で言った。

そうした顚末をはじめ、この時期の孝輔の日記には、五十六や悌吉の名前が頻繁に登場する。日常生活では、五十六は孝輔のことを「閣下」などといかめしく呼ばず、「叔父さん」「オジチャン」、竹子を「叔母さん」「オバチャン」と呼んでいた。豪雪地帯の長岡や米沢から上京した者にとって、「叔父さん」や「叔母さん」は、東京で頼ることが出来る特別な血縁だった。

大正八年前半、この時期、五十六と悌吉は、二日と空けずに孝輔の宅を訪れており、「米沢海軍」人脈の中にとっぷりと浸かっている。孝輔にとってはこれからも憂いの少ない日々が続くはずであったが、間もなくそれが出来なくなる事態が起った。大正天皇の身体に異変が起こったからである。

大正天皇は幼少時に脳膜炎にかかったため病弱だった。大正三、四年頃から健康状態は年々悪化し、大正七、八年になると、歩行困難、言語障害、記憶力衰退などが顕著になった。このため公式の出御をほとんど見合わせざるを得なくなった。

「米沢海軍」栄光の一日

大正八年一〇月二八日は、米沢海軍にとって忘れられない一日となった。この日は特別大演習の最後を飾る大観艦式があった。

その四日前の一〇月二四日、山下源太郎連合艦隊司令長官と黒井悌次郎第三艦隊司令長官は、それぞれ青軍と赤軍の指揮官となって、第三期の大演習を挙行した。そしてこの日、二人は大正天皇の御前で大演習の経過について奏上し、「勅語」を賜った。両人にとってはもちろんのこと、「米沢海軍」にとっても最高に名誉のことであった。

「一〇月二八日（火）曇、小雨　特別大演習観艦式につき横浜に行幸。……午前一一時五〇分後甲板玉座に出御（御椅子を奉る）。

一、山下青軍、黒井赤軍両指揮官より第三期演習経過奏上。

一、右終わって軍令部長（島村速雄）をして演習講評を為さしめらる。

午後零時五分入御、軍令部長を御座所に召される。大演習に給はるべき勅語御下付あり。軍令部長これを拝受し、参集員の面前に謹んで奉読す

［勅語］

朕茲ニ大演習ヲ統裁シ、又艦隊ヲ親閲シテ軍容ノ斉整士気ノ旺盛用兵ノ進歩著キヲ嘉ス。

曩《さ》ク作戦ノ要求ニ応ジ所期ノ目的ヲ達シタリ。惟《おも》フニ国軍ノ精鋭ハ、軍紀士気ノ振張ト武技統帥ノ精妙トニ須ツコト大ナリ。汝等将卒益々奮励、上下一致シテ各々ノ本分ヲ完フセンコトヲ期セヨ」(『海軍大将山下源太郎伝』)

大正九年に入ると、大正天皇の体調は一段と悪化した。そこで侍従や近習者が集まり協議した結果、宮内大臣から御上に対し、今後は公式のご執務を執らぬよう奏請することになった。大正天皇の病状を国民に知らせるべきか、孝輔はじめ側近者は悩みに悩んだ。

大正九年一二月一日、海軍で大異動があり、山下源太郎連合艦司令長官が海軍軍令部長に就任した。この慶事について、孝輔の日記には次のように記されている。

「山下兄上海軍軍令部長に親補せらる。一門の光栄なり。高倉正治君『周防』艦長に転任せしを以て、下渋谷留守宅を訪ひ、此の旨を通知す。姉上一同大悦びなり」

大正九年の大晦日を、孝輔は葉山御用邸で送った。

忠臣四竃孝輔の最期

大正一〇年一二月、孝輔は少将に昇進した。その後軍令部出仕、大湊要港部司令官を経て、一五年一二月一日海軍中将に累進したが、一二月一六日予備役編入となった。

同年一二月二五日、大正天皇が崩御した。末の息子の経夫はまだ四歳だったが、当日軍服を着た孝輔がぼろぼろ泣きながら帰宅したことを鮮明に覚えている。

その後昭和九年、孝輔は伏見宮家に召されて別当職を拝命したが、一二年には持病の狭心症悪化のため勤務を続けることが難しくなった。同年一〇月二日、伏見宮令子女王薨去の知らせが届くと、孝輔は重態にもかかわらず起き上がり、家族の制止を振り切って出仕した。それから四日間、孝輔は意外なほど元気に勤めを果たしたが、総てが終了するとどっと床に就いて、二度と起き上がれなくなった。

死の前々日の一二月九日、たびたびの発作で全く頭を上げることも出来なくなっていた孝輔は、突然明治神宮御陵に参拝したいと言い出した。もとより行けるような状態ではなかったため、家族一同が途方に暮れていたところ、折よく竹子の実兄である書家の宮島大八が見舞いに来ていた。大八は孝輔の願いを聞くと、すぐ奥座敷に入って、謹んで『明治神宮』と『御陵』の二枚の条幅を書上げた。

墨痕淋漓たるその揮毫を持って病室に入った経夫が、孝輔が拝しやすいように床の間に掛けようとすると、苦しい息の下から皆を諭して、「大小便をしたり、汚れた衣服をまとっている身体で、神様を拝むことが出来るか！　日本人のくせに、それぐらいのことがわからぬのか」と自らを叱責するかの如く呟いた。その眼には大粒の涙が溢れていた。

家族は孝輔の命ずるままに、大正天皇の銀婚式記念の盃と、天皇即位式記念の盃を床の間に飾った。寝台は次の間に下げられ、『神宮』と『御陵』の揮毫が掛けられた。孝輔はもはや一人では身体を起こすことも出来なくなっていたが、紋付袴の正装に威厳を正すと、床の間に端座して、明治神宮と多摩御陵の二つの御霊に向って深々と拝礼し、青年時代より生命をかけて仕えた明治天皇と大正天皇に対して最後の暇乞いをした。

その翌々日の一二月一一日夜、孝輔は一瞬激烈な発作に襲われたのち息絶えた（四竈経夫

「父のこと」『侍従武官日記』から）。

第3章
ロンドン海軍軍縮会議と「米沢海軍」

「条約派」と「艦隊派」の対立

昭和五年のロンドン海軍軍縮条約締結をめぐって、「条約派」と「艦隊派」の対立が顕在化することになった。

ここで、「条約派」と「艦隊派」の概念について説明しておく。

大正一一年二月の主力艦に関するワシントン海軍軍縮条約と、九年後の昭和五年に締結された補助艦に関するロンドン海軍軍縮条約を肯定的に評価するグループが「条約派」である。これに対して「艦隊派」は、両軍軍縮条約は日本を敗北せしめるものとして否定的に捉えるグループのことである。

「条約派」の総帥は、ワシントン海軍軍縮会議で全権を務めた加藤友三郎海相である。

大正一〇年、ワシントンのショーラムホテルにおいて、加藤友三郎は、首席随員の加藤寛治を同席させた上で、井出謙治海軍次官宛の電文を堀悌吉中佐に筆記させた。この「加藤伝言」

に友三郎の思想がよく表れている。軍縮会議に臨む心構えについて、次のように語っている。

「会議に際し自分を先天的に支配せしものは、これまでの日米関係の改善に在りき。換言すれば米国に排日の意見をなるべく緩和したいとの希望之なり。いかなる問題に対しても、この見地より割り出して最後の決心をなせり」

「先般の欧州大戦後、主として政治方面の国防論は、世界を通して同様なるが如し。すなわち国防は軍人の専有物に非ず。戦争もまた軍人のみにして為し得べきものにあらず。国家総動員にして之に当たるに非ざれば、目的を達し難し。……平たく言えば、金が無ければ戦争が出来ぬということなり。戦後ロシアとドイツが斯様になりし結果、日本と戦争の起こる probabiritiy のあるは米国のみなり」

このように友三郎は、今日の戦争は総力戦であると捉え、英米に比較して財政的に脆弱な日本としては、日露戦争後計画した八八艦隊構想は全く不可能であると考えていた。

友三郎はワシントンで各国の全権たちと話を交わすうちに、明治四〇年制定の「帝国国防方針」における「仮想敵国＝米国＝八八艦隊」という思考概念を変更して、日米敵対路線から日米友好路線へと転換する以外に日本の生きる道はないことを悟った。友三郎がこの考え方を徹底しようとすれば、「軍令部の処分案はぜひとも考ふべし。本件は強く言ひ置く《かんが》。……(軍部大臣の）文官大臣制度は早晩出現すべし。これを要するに思い切りて諸官衙を縮小すべし」ということになるのであった。

ロンドン海軍軍縮会議の首席随員に「米沢海軍」の左近司政三中将

戦前、時事新報社の海軍記者として名高かった伊藤正徳は、その著『大海軍を想う』の中で、日本海軍史上最大の悲劇は、ロンドン海軍軍縮問題だったとしている。

その理由として伊藤は、①海軍を初めて分裂させたこと、②軍令部の統帥権干犯の主張が政争と結びついたこと、③五・一五事件を誘発させたこと、④対米戦争の遠因となったこと、などを挙げている。

これを具体的に解説するならば、①それまで伝統的に海軍省優位による一元的統率力を誇ってきた日本海軍にとって、初めて「条約派」と「艦隊派」との対立が表面化したこと、②両派の対立は喧嘩両成敗的に処理されたが、結果的には海軍内から国際的視野に長けた「条約派」の将官たちが追われる結果になったこと、③このため日本海軍内の思考バランスを失わせることになったこと、などとなる。

日露戦争直前に締結された日英同盟は、ワシントン会議の四国条約の発効と共に終了した。

大正一一年二月に調印したワシントン海軍軍縮条約により八八艦隊の目標を放棄した日本海軍は、以後二〇センチ砲搭載の重巡洋艦、航空機、潜水艦、および大型駆逐艦に重点をおいて兵力整備を行うことになったが、世界的な軍縮ムードの中にあって、八八艦隊構想の見直しをせざるを得なくなった。

昭和四年七月二日、田中義一政友会内閣の後を受けて浜口雄幸民政党内閣が成立し、外相には幣原喜重郎、海相には財部彪がそれぞれ就任した。七月一九日、幣原外相は駐英松平大使宛に、海軍軍縮の一般方針樹立のために、英米日仏伊間で協議することを了承する旨の電報を送付した。

一〇月七日、英国政府よりヘンダーソン外相の名で、昭和五（一九三〇）年一月の第三週から、ロンドン海軍軍縮会議を開催する旨の招請状が、日米仏伊の四ヵ国に送付された。

早速日本政府は、ロンドン海軍会議の受諾を決定して、一〇月一八日、全権に若槻礼次郎元首相、財部彪海相、松平恒雄駐英大使、永井松三駐ベルギー大使、海軍首席随員に、山下源太郎大将後の「米沢海軍」を代表する左近司政三中将（二八期）を選任した。左近司政三については第1章を参照されたい。

さて日本海軍では、昭和四年九月下旬から、訓令案の検討を行っていたが、一一月二六日、この訓令案を閣議決定し、一一月二八日、全権に対して次の要旨の訓令を与えた。

「二〇センチ砲搭載大型巡洋艦においては特に対米七割、また潜水艦においては昭和六年度末現有量を保持するを要す。これらの要求と補助艦対米総括七割の主張を両立せんがためには、帝国海軍軍備の要旨に悖らざる限り、軽巡洋艦、駆逐艦において多少の犠牲を忍ぶは止むを得ざる事に属す」

すなわち日本側としては、①補助艦の対米七割、②八インチ（二〇センチ）砲巡洋艦（大型）の対米七割、③潜水艦の現有保有量（七万九〇〇〇トン）の保持、の三大原則で会議に臨むことにした。

堀悌吉とロンドン海軍軍縮会議

ところで、ロンドン会議当時、海軍省軍務局長として部内の取りまとめに当たった堀悌吉（三二期）によれば、日本側の三大原則なるものは、次のような矛盾を孕むものであった。

「この三則は、以前から決定していた確乎不抜の我が海軍の方針と言った様な歴史的なものではなく、ロンドン会議に対するわが対策として掲げられたものである。……これは国際会議に臨むにあたり、わが方としてはこれが貫徹に万全を尽くべきは言ふまでもないが、戦勝国が戦敗国に対して課する絶対条件の如きで有り得ない事は、常識の上からでも明白である。殊に第二と第三は、第一の総括七割の内訳としての要求であって、今回初めて世の中に出されたものである。即ち第二は第一と同様の七割比率を八インチ砲巡洋艦に適用するの要求であって、第三は総括七割の比率のうち、潜水艦の実トン数を要求するものである。それだから例え我が主張の総括七割が通ったとしても、総トン数が甚だしく低下する傾向にあり、その中に潜水艦自主量なる不変数が割り込めば、他の巡洋艦の方を非常に圧迫することになる。したがって三則を横に書き並べてみて、何となく納得できかねる首尾一貫しない点のある事は止むを得ない所であって、当時これを人に説明して諒解を得んとするに当たり、一方ならぬ苦心をしたのも当然である」

昭和五（一九三〇）年一月二一日、ロンドン海軍軍縮会議が開催された。開会にあたって、英マクドナルド、米スティムソ

堀　悌吉

ン、仏タルジュー、伊グランデイ、日本の若槻礼次郎の各全権が演説を行った。
ロンドン会議は、正式会談、非公式会談（内協議）、事務局から成っていた。各国の保有量に関する重要案件は非公式会談で話し合われたが、英米間では既に大枠の合意がついていたため、おのずと英仏間、日米間の協議になった。イタリアはフランスとのパリティ（均勢）をあくまでも要求したが、仏側はこれを拒否した。

日米英間の交渉は非常に難航したが、三月一一日、若槻が英国のマクドナルド首相と別室で会談した際、「自分の尽力によって何とかまとまりがつくならば、自分の生命と名誉の如きは何とも思わない。英米両首席において私の微衷を諒とせられるならば、日本の主張の主要な如きものは是非これを承諾されたい」と述べると、マクドナルドは大いに感動した様子だった。

若槻が宿舎に帰ると、早速スティムソン米全権から電話があり、リードも同席して検討した結果、次の六割九分七厘五毛（六九・七五％）の日米妥協案が出来上がった。

若槻は通訳として同行した斎藤博に対して、「まだ二厘五毛足りないと言え」と命じたが、斎藤は、「六割九分七厘五毛と言うのは、結局七割と同じことなのですが、米国の全権がここで条約を結んで、上院の批准を受けなければなりません。多数の者が議論して、七割は大変な譲歩だと言って騒ぐでしょう。彼等はそれを心配して、六割九分七厘五毛と言えば、幾らか譲ったが全部譲ったんじゃないということになる。そこでこういう計算を出したと思う」と返答した。

会談後、若槻全権は幣原外相に対して、「今日の会談による模様より得たる印象によれば、このままの押し問答にては、日米間差当り右米案以上に有利にする見込み立たざる」旨の電報を送った。

翌一三日、米国全権リードは若槻を訪問して、米国側の最終案を示した。これによると、日米の総括的対米比率は、六割九分七厘五毛強（六九・七五四％）となった。

三月一三日、日米会談（若槻・リード）における米国側の最終案

［艦種］	米国	日本		［比率］
八インチ艦	一八万トン	一〇万八四〇〇トン	対米比率	六〇・二二％
六インチ艦	一四万三五〇〇トン	一〇万四五〇〇トン	対米比率	七〇％
駆逐艦	一五万トン	一五万五〇〇トン	対米比率	七〇・三三％
潜水艦	五万二七〇〇トン	五万二七〇〇トン	対米比率	一〇〇％
計	五二万六二〇〇トン	三六万七〇五〇トン	対米比率	六九・七五四％

若槻全権、日本政府に最終決断を求める

三月一四日、日本全権（若槻、財部、松平、永井）連名の下に、東京に宛て、次の請訓を発した。

「最近、松平・リード会談に次ぎ、一二日若槻・スティムソン会談において看取せらる通り、米国側は事実上既に総括的七割の原則を認めたるものにして、厘余の開きあることは事実なるも、これ米国側が全然日本の主張に屈服したりとの非難を避け

若槻礼次郎

ながら、日本の希望に副はんとする苦心の存する所なるべく、大型巡洋艦については、わが主張に副わずと雖も、事実次回会談までは大体七割以上の勢力を保有するものと見ることを得べく、潜水艦については、我が主張に比して少し少量なるの如何はあるも、先方が保有量を低下して我と均勢を申し出あるは、一つの譲歩なりと認むるを得べし。本委員などの見る所に依れば、新たなる事態発生せざる限り、彼をしてこれ以上譲歩を為さしむることは難きものと認む」

三月一四日発の在ロンドン日本全権団の請訓は、翌一五日午前、東京の外務省に届いた。ロンドンでまとまった仮妥協案は、堀悌吉軍務局長からすれば、次のように解釈すべきものであった。

［日本側原則］	［原則適用の主張量(トン)］	［会議での仮妥協量(トン)］	［過不足(トン)］
総括約七割	三六万八三四〇（七〇％）	三六万七〇五〇（六九・七五％）	不足　一二九〇
大巡七割	一二万六〇〇〇（七〇％）	一〇万八四〇〇（六〇・二二％）	不足一万七六〇〇
潜水艦自主量	七万七八四二（一四八％）	五万二七〇〇（一〇〇％）	不足二万五一四二
軽巡	一六万四四九八（五六％）	二〇万五九五〇（七〇・一七％）	不足四万一四五二

＊（　）内は対米比率

東郷・加藤・末次の猛反発

ところがこの仮妥協量は、ただちに海軍軍令部側（部長加藤寛治大将、次長末次信正中将、第一班長加藤隆義少将）から強い反発を招くことになった。

以前加藤寛治は浜口首相や幣原外相に対して、「七割は……我が死活を分かつ絶対最低率にして、此の協定ならざれば断乎破棄の外なきものとす」と断言していた。

三月一六日、加藤軍令部長は東郷元帥を訪問して、全権からの回訓電について説明した。その際東郷元帥は、「米が大巡六割を我に押し付け、彼は数年後一八隻の完成を条約となさんとするは不可解なり。一度条約とせば取り返しつかざること、主力艦六割の場合に同じ。……七割なければ国防上安心出来ずとの態度を執り居る事なれば、一分や二分と云う小駆け引きは無用なり。先方聞かざれば、断固として引き揚ぐるのみ。此の態度を強く申し遣はすべし」と強硬論を吐いた。

同日、末次軍令部次長は独断で、「海軍としてかかる提案は、到底承認し得ざるべきものである」との声明を出した。

三月一九日、加藤軍令部長は浜口首相に面会を求めて、「米国案は国防用兵作戦計画の責任者として、之を受諾することは不可能」である旨を申し入れた。

加藤、末次ら軍令部側の強硬論の中で、会議成立のため海軍部内の取りまとめに当たった山梨次官と堀軍務局長の苦労は、並大抵ではなかった。山梨や堀は、日本側の三大原則は外交上の目安であって絶対的なものではないとの柔軟な考え方をしていた。

三月二四日、回訓案に関する非公式軍事参議官会議が、海軍大臣官邸において開催された。

軍事参議官とは、重要な軍務について、天皇の諮詢により参議官会議を開いて意見を上奏するもので、元帥、陸海軍大臣、参謀総長、海軍軍令部長、および親補された陸海軍将官から成

昭和天皇と東郷元帥

っていた。

軍事参議官会議で加藤軍令部長は、作戦計画、兵力配備、艦隊、造船について説明した後、「米案は我の欲せざる所を与え、我が欲する所を奪はんとするものなり。米提案の兵力量を以ては、国防の責任者として、その任に当たること困難」と断じた。

続いて山梨次官より、二二日、外務省に送った回訓に関する海軍案についての説明があった。

席上伏見宮博恭王（皇族、海軍大将）が、「日本の主張により軍縮会議が決裂せる場合、日本の立場を如何に観察せらるるや」と質したのに対して、加藤は「顧念するの要あるも、深憂すべきものに非ざる」旨の極めて楽観的な見解を示した。

一方二四日、財部全権は山梨次官に対して、「当方の空気は、わが立場をより有利に展開する余地少なしと称し、決裂を見るに至らんよりは、寧ろ米国提案に落ち着くとも、此の協定の成立を図るは、大局上却って有利なりとする意見を、遺憾ながら耳にするに立ち至りたり」として同意する意向を伝えてきた。

二五日、山梨次官が浜口首相に、「海軍としては今回の米案をそのまま受諾することは不可能である」と進言したのに対して、浜口は、「政府としては会議の成功を望むこと切なるものあり。会議の決裂を賭する如きは至難」と断言した。

翌二六日、海軍側は、岡田啓介大将、加藤軍令部長、末次軍令部次長、山梨海軍次官、堀軍

務局長、矢吹省三海軍政務次官ら省部の最高幹部が参集して、海軍としての最終方針を検討した結果、次のような「今後の方針」を決定した。

「海軍の方針（厳密に言えば、各種の議に列したる諸官の意見）が政府の容れる所とならざる場合と雖も、海軍諸機関が政務および軍務の外に出づるの議に非ざるは勿論、官制の定る所に従い、政府方針の範囲において最善を尽くすべきは当然なり」

この主旨は、例え政府が海軍の意見に反した決定をしたとしても、海軍はこれに従う事を認めたものであり、言外に「兵力の決定権」が政府にあるとしたものであった。

三月二七日、加藤軍令部長と岡田大将は浜口首相を訪れて、海軍の今後の方針について、進言した。

席上浜口首相は、「（自分は）海軍事務管理たるが故に、国家大局の上より深く考慮をめぐらし、大体の方針としては、全権請訓の案を基礎として協定を成立せしめ、会議の決裂を防止し度心持を有す」と語った。

二八日、岡田大将は山梨次官の来邸を求めて協議した結果、「請訓の丸呑みの外なし。但し来案の兵力量にては配置にも不安を感ずるにつき、政府にこれが補充を約束せしむべし。閣議覚書としてこれを承認せしめざるべからず。また元帥参議官会議は、もしこれを開き、政府反対のこととなれば、重大事となる（ので）開くべからず」と述べた。

二九日、伏見宮もまた岡田大将に対して、「海軍の主張が達成せらるることは甚だ望ましきも、首相が全ての方面より帝国の前途に有利なりと云ふ考えにて裁断したとすれば、これに従うしかあるまい。参議会を開いてやると云ふことも、この際如何か。以上の事は、参議官参集といふことがあったら、殿下の意見として岡田より披露しても差し支えなし」と語った。

山梨次官、政府回訓案の取りまとめに奔走

政府回訓案は三月三一日に完成し、四月一日の閣議に提出されることになった。浜口首相は、閣議に先立って海軍側の了承を得るために、岡田大将、加藤軍令部長、山梨次官の三氏に対して、翌四月一日午前の来邸を求めた。

そこで岡田大将と加藤軍令部長は、明日の首相との会見の際の挨拶の仕方について協議した。岡田は加藤に向って、「その際君は、この案を閣議に付せらるるは止むを得ず。但し海軍は三大原則を捨てるものにあらざるも、閣議にて決定すればそれに対し善処すべし位の事は言はれぬか」と言ったところ、加藤は「それは出来ない！」と突っぱねた。岡田は、「然らばその意味のことを余より言ふべし。君は黙っていてくれぬか」と言ったところ、加藤は了承した。

四月一日午前八時四五分、岡田、加藤、山梨の三名は、首相官邸に浜口首相を訪ねた。席上浜口首相は、「政府は国際協調と国民負担の軽減とを目的として、米国案承認の回訓案を作成し、本日閣議にかけて決定の上、上奏、回訓することにした」と語った。

これに対して岡田大将は、「総理の御決心はよくわかりました。この案を以て閣議にお諮りになる事は止むを得ぬことと思います。専門的見地よりする海軍の主張は従来通りでありまして、これは後刻閣議の席上、次官より陳述せしめられるようお取り計らい願ひます。もしこの案に閣議で定まりますならば、海軍としてはこれに最善の方法を研究するよう尽力いたしま

す」と返答した。すると加藤が、「用兵作戦上からは困ります。用兵作戦上からは……」との言辞を漏らした。

首相会見終了後、岡田、加藤、山梨の三人は海相官邸に引き揚げて、待ち受けていた末次次長ら海軍幹部に対して、政府の回訓を提示して善後策を協議した。その結果、次の事項の修正案を、浜口首相兼海軍大臣事務管理（財部海相はロンドン軍縮会議に出席中）と幣原外相に進言することを決めた。

①二〇センチ砲搭載巡洋艦に対し、一九三六（昭和一一）年以後において条約の拘束を脱する留保は、潜水艦は勿論補助艦兵力全般に亙るを要す。

席上山梨次官は、後刻会議において陳述する三月三〇日起案の覚書、すなわち全権の請訓を骨子とした政府回訓に同意する代わりに、兵力量の補充を政府に約束させる覚書を三度読み上げたが、誰も異議を挟まなかった。

山梨次官は閣議前浜口首相に面会を求めて、前記の修正事項について進言した。さて閣議では、冒頭浜口総理が首相としての所信を述べ、続いて幣原外相が今日までの経緯について説明した。その後山梨次官は、前記の陳述書を浜口首相に提出した。

これに対して浜口首相は、「海軍としての専門的立場よりは、次官が只今述べたる意見は最もなる次第と思ふ。しかしながら先刻閣議の劈頭において述べたる所見よりして、どうもこれを政府として採用することは出来ず、回訓通りに決定したいと思ふ。閣僚諸君に御相談する次第なり。本案決定の上は、海軍としては遺憾の点多々あるべきも、将来政府海軍一致の行動に出でんことを希望す（る）」（『太平洋戦争への道　資料編』四七〜四八頁）と述べた。

ここにようやく政府回訓案は閣議決定され、浜口首相は直ちに参内して上奏をした。

四月一日午後五時、幣原外相は浜口首相の通知によって、在ロンドンの日本全権宛に回訓を発電した。

加藤軍令部長の単独上奏

四月二日、政府による回訓に反発した加藤寛治軍令部長は宮中に参内し、「今回の米国提案は勿論、其の他帝国の主張する兵力量および比率を実質上低下せしむるが如き協定の成立は、大正一二年御裁定あらせられたる『国防方針』に基づく作戦計画に、重大なる変更を来すを以て、慎重審議を要すものと信じます」とする上奏を断行した。

これより先の三月三一日、上奏を決意した加藤が宮中の都合を伺ったところ、鈴木貫太郎侍従長は、「首相による上奏前に同じ件で、軍令部長が上奏するのは穏やかでない」として自重を促した。

四月一日、加藤は政府回訓決定の上奏と同時に決行しようとしたが、これも宮中の都合によって中止せざるを得なくなり、結局上奏は四月二日に延びることになった。

上奏後加藤は記者団に対して、次の声明を発表した。

「今後の回訓に対しましては、海軍は決して軽挙することなく、事態の推移に対することを確信します。但し責任を有する軍令部の所信として、米案なるものの骨子と兵力量に同意出来ないことは毫も変化ありません」

「海軍休日条約」の成立

昭和五（一九三〇）年四月一日、政府回訓の閣議決定後、山梨次官は東郷元帥を訪ねて、回訓決定に至るまでの経緯について報告した。

これに対して東郷元帥は、「一旦決定せられたる以上は、それでやらざるべからず。今更かれこれ申す筋合いにあらず。此の上は部内統一に努め、愉快なる気分にて上下和衷協同、内容の整備は勿論、士気の振作、訓練の励行に力を注ぎ、質の向上により海軍本来の使命に精進すること肝要なり」と語った。

四月三日、沢本頼雄軍務局第一課長（三六期、山口）が伏見宮に報告したところ、伏見宮海軍大将もまた「既に一旦閣議決定せる以上、海軍が運動がましきことを為すは、却って海軍の不利となるべきを以て、内容充実に向って計画実施を進め、其の欠を補ふことに努力するを望む」と述べた。

以上四月一日の政府回訓までの経過を考察してみると、日本海軍は政府回訓に対して、部内では相当不満があったものの、ともかく政府の決定に従う姿勢だったことがわかる。

幾多の曲折はあったものの、ロンドン海軍軍縮条約は、四月二二日、セント・ジェームズ宮殿において調印された。

これによれば、補助艦の保有量、単艦の排水量・備砲等を協定した他、一九三六年までの五年間は一切の主力艦の建造を中止すること（いわゆるNaval Holiday 海軍休日）、主力艦を米五隻、英三隻、日本一隻（比叡は練習艦となる）廃棄して、一五：一五：九隻の原則を確保する事などを取り決めた。

なお仏伊両国は補助艦協定には加わらないため、この両国が大量に建造する場合には、英米日はそれに応じて比例的に造艦することが出来るとされた。また条約の有効期限は、一九三六(昭和一一)年一二月三一日までとし、一九三五年中に新たな会議を開催することにした。

統帥権干犯問題の惹起

ロンドン海軍条約が調印される前日の四月二一日のこと、軍令部第二課長の野田清人大佐が堀軍務局長の所に来て、末次軍令部次長から山梨次官に宛た、次の「倫敦条約に関する覚書」と題する文書を提示した。それには次のように記されていた。

「海軍軍令部は、倫敦海軍条約中、補助艦に関する帝国の保有量が、帝国の国防上最小所要兵力として、その内容十分ならざるものあるを以て、本条約案に同意することを得ず」

穏当ならざる文言を見た堀は、すかさず「当該文書は、直ちに政府側に申し入れて、条約調印を阻止せしめんとの所存なるや」と質したところ、野田は「否、これは単に手続きとして不同意の意思を表示する書類を作成し置くものに過ぎない。……この文書はそのまま次官の手元に預かっておいて、財部大臣が帰国されてから大臣に供覧して貰いたいというのが軍令部長の希望である」と返答した。

この不明瞭な返答を聞いた堀は、この文書の受け取りを拒否した。このため古賀峯一副官(三四期、佐賀)がこれを預かる形にして、古賀より山梨に供することにした。

海軍内の騒動の種になりそうなこの文書を取り下げるべく、山梨は岡田大将に頼んで加藤寛治軍令部長を説得して貰うことにした。なぜ山梨が岡田大将に加藤部長の説得を頼んだのかというと、岡田と加藤の出身が同郷の福井であったからである。

岡田啓介は明治元年一月生まれで、福井中学および開成中学を経て、明治一八年海兵に合格した。その後、海大を経て、明治四四年、斎藤実海相、財部彪次官の下で人事局首席局員、大正一一年、ワシントン海軍軍縮会議の際は、加藤友三郎海相、井出謙治次官（二六期）の下で海軍次官代理、大正一二年、財部海相の下で海軍次官を務めた。

大正一三年、岡田は大将に昇格し、同年一二月第一艦隊兼連合艦隊司令長官に補され、昭和二年四月海相、そして昭和四年七月軍事参議官に就任した。

一方の加藤寛治は、明治三年一〇月、岡田と同様に福井で生まれた。当時海兵に多くの合格者を出していた近藤真琴が創立した攻玉社中学を経て、明治一五年海兵予科に入学し、明治二〇年海兵本科に入学した。明治三二年から三五年、ロシアに留学に駐在し、明治三八年から四〇年まで海軍省副官兼海相副官（山本権兵衛および斎藤実海相）、明治四〇年一月から八月にかけて伏見宮貞愛《さだなる》親王の随員として英国へ出張、大正九年海大校長、同年一二月中将、大正九年から一一年二月までワシントン海軍軍縮会議首席随員を務めた。

大正一一年五月、加藤は海軍軍令部次長に補され、昭和二年四月大将に昇進し、昭和三年一二月軍事参議官、そして昭和四年一月から海軍軍令部長に就任した。

加藤寛治は岡田に対して、「本通牒の宛名は、原案には軍令部長より事務管理（浜口首相）宛とあったものを、軍令部長の考えで次長からに変更したものである。本通牒は事務管理に見せて欲しくない。財部大臣帰朝後、これを見せることにして貰いたい。然るに何故二一日を選びて本通牒を発したかと云ふに、実を言へば調印前辞職を申し出てはいかぬとの意見もありたるに付、暫く時機を待ちたる次第なり」と述べたが、四月一九日に起案され、二一日に発電された海軍次官・軍令部長発、財部全権宛の「機密二九番電」には、次のように記載されていた。

「本邦ご出発以来、長期に亙り困難なる折衝に当たられ、終始御健闘を続けたるは、小官等洵に感謝に堪へざる所にして、茲に会議も終末に近づき無条約調印を見んとするに当たり、遥かに御健康を祈る。右若槻全権にも宜敷御伝へを乞ふ」

この時期の加藤の言動には一貫したものが無かった。腹心の末次次長の突き上げに遭うと態度が強硬になり、一方岡田より軽挙を戒められると大人しくなった。このように加藤の胸中では、条約に対する同意と不同意が交錯していた。

政府回訓後加藤は非公式に、「兵力量はあれで可なり」という意味の事を漏らしたこともあった。ところが四月二三日に開会された第五八回特別議会において、突如統帥権干犯問題が新聞紙上を賑やかし始めると、加藤の態度は急に頑ななものになった。

それとともに先の回訓決定に際しては、「一旦決定した以上、それでやるべきだ」と語っていた東郷元帥や伏見宮大将までが、再び態度を硬化させた。

犬養毅・鳩山一郎の政府追及とこれに対する堀軍務局長の見解

四月二五日、浜口首相の施政方針演説に続いて登壇した幣原外相は、「かかる協定の結果、わが国にとりまして、軍事費の節約は実現され得ることになり、しかも少なくともその協定内におきましては、国防の安固は十分保証されておるものと信じます。……政府は軍事専門家の意見も十分に斟酌し、確固たる信念を以てこの条約に加入する決心をとったのであります」と述べた。

　この幣原外相の演説に対して、浜口内閣の打倒を目指している政友会および軍令部方面から、俄然統帥権干犯の声が上がることになった。

　四月二六日付『朝日新聞』は、犬養毅や鳩山一郎に率いられた政友会による政府批判に対して、次の社説を掲載して批判した。

「ロンドン軍縮会議について政友会で軍令部の帷幄上奏の優越を是認し、責任内閣の国防に属する責任と権能とを否定せんとするが如きは、苟《いやしく》も政党政治確立のために軍閥と闘ってきた過去を持つ犬養老と政友会の将来を指導すべき鳩山君の口より聞くに至っては、その奇怪の念を二重にしなければならないのである」

　一方軍令部側も、政友会の政府弾劾に呼応して、「第五十八回帝国議会に於ける政府の演説答弁……に於いて、総理大臣が何等的確なる根拠なくして国防の安固を妄断言明せるが如きは、これまた海軍軍令部条例を無視せるものにして、斯くの如んば軍令部は遂に条規の命ずる職責を完うする事を慮《おもんばか》る。この疑惧を一掃し、本問題を根本的に解決するは、独り海軍軍令部のみならず軍全体に係る喫緊の要務なりと認む」との見解をまとめた。

鳩山一郎　　　　犬養　毅

明治憲法の定める統帥大権（第一一条）と編制大権（軍政大権、第一二条）の二つの軍事大権については、天皇を補佐し責任を負うのは大臣なのか、それとも統帥部長かについて、長年にわたって論争があった。

陸軍は伝統的に統帥大権については、専ら参謀総長のみが責任を負い、編制大権については、陸軍大臣のみならず参謀総長も責任を負うと解釈していた。一方海軍は、統帥大権については、海軍軍令部部長のみならず海軍大臣も責任を負い、編制大権については、海軍大臣のみが責任を負うと解釈していた。

憲法や法令で必ずしも明確でない海軍省と軍令部間にまたがる業務について、起案者，商議者、上奏者、実施者を定めたのが「省部互渉規定」といわれるものであり、これは実質的に、海軍大臣と海軍軍令部長間の権限を定めたものであった。

日露戦争開戦時、連合艦隊の佐世保進発を命ずる大命（明治三七年二月五日）が、伊藤祐亨《ゆうこう》海軍軍令部長からではなく、山本権兵衛海軍大臣から発せられた事実は、海軍省の優越を示していた。

当時の「省部互渉規定」には、軍機戦略に関し、軍艦及軍隊の発差を要する時は、国務大臣の輔弼による事は明確であるが、軍縮条約は兵力量（常備兵額）を規定するための編制大権に関連するため、ワシントン会議においては、海軍省が海軍部内の主務官庁となって、軍令部の意見を「参考」にしつつ事務を処理した。

ジュネーブ会議の際も同様であり、ロンドン会議の時も四月一日の政府回訓発電までは、海軍省はこうした考え方で処理してきた。

ところが統帥権干犯問題が惹起するに及んで、軍令部側は憲法の軍事大権について、次のような見解を採るようになった。

①憲法第一一条は、純然たる帷幄の大権にして、専ら海軍軍令部長及び参謀総長の輔翼により行われし国務大臣輔弼の範囲外にあり。これ伊藤公の憲法義解《ぎげ》に於いても、「本条は兵馬の統一は至尊の大権にして、専ら帷幄の大令に属することを示すなり」と明記しある所にして、何等疑いの余地なき所なり。

②憲法第一二条は、純然たる軍政事項にあらずして、統帥事項をも包含するものと認む。

③憲法第一二条は、責任大臣の輔翼に依ると共に、海軍軍令部長（参謀総長）の輔翼の範囲に属する事項を包含し、その作用を受くるものなり。

④憲法第一二条の大権は、国防用兵上の見地より処理する間は主として軍令部長（参謀総長）輔翼の範囲に属し、予算との折衝に入るに及んで主として責任大臣輔翼の範囲に入るべきものなり。

しかしながら堀悌吉記述による「ロンドン会議と統帥権問題」によれば、海軍省と軍令部との関係は、伝統的に次のようなものであったとしている。

「由来海軍軍令部は、軍政関係即ち予算制度改廃其の他一般国務に関する事は直接関与することなく、又帷幄機関の本質たる範囲を超えて陸軍部外と交渉を持つということはなかった。軍令部職員で部内の予算会議にも出席する者なく、大蔵省主計局への説明に出向くといふ如きものはなく、又観察報告や軍事講演の類も常に海軍省官房を介して居た位である。国防用兵上の見地よりする諸般の要求は、軍令部から商議の形式を以て海軍大臣に対し、之を行ふことになって居た。海軍省としては、勿論この軍令部の商議を重要視し、慎重に研究して務めて所望に応ずる如く軍政を適用したものであるが、統帥事項関係であって軍令部長が上奏するものについても、必ず事前に大臣の同意を得て居るべきものであって、御裁可後、それを海軍大臣に移して執行することになって居た。その手続きもなく、軍令部長が海軍大臣をして自己の意思通りに其の案件を施行せむると言ふ様な強制力に似たものは、軍令部長に与へられて居なかったのである」(『太平洋戦争への道　資料編』六三一～七一頁)

加藤軍令部長、条約反対の上奏文を提出

第五十八特別議会が統帥権問題で紛糾している最中、財部彪《たからべたけし》(一五期、宮崎)海相はシベリア鉄道で帰国の途上にあった。山梨次官ら幹部は、複雑な国内事情を伝えるために、海軍省副官の古賀峯一大佐をハルビンへ派遣することにした。

その古賀大佐は、出発前、岡田大将、浜口首相、元老西園寺公望の秘書の原田熊雄、さらに加藤寛治軍令部長らに相次いで面会して、財部海相に対する伝言を聞いて廻った。

加藤を除く各氏の意見を総合すると、海軍部内の意見の対立を表面化しないようにすることや、加藤を中心とする軍令部側の財部海相への辞職勧告には応じないようにすることなどに集約された。

さて帰朝した財部は、五月一九日の閣議後、首相官邸において加藤軍令部長と会談した。席上、加藤は次の上奏文を提出して、その敷奏《ふそう》方を要求した。

「恭《うやうや》しく惟《おもんみ》るに、兵馬の統一は至尊の大権にして、専ら帷幄の大令に属す。而して天皇の帷幄に参謀本部並に軍令部を置かれ、国防用兵の事を按画し、親裁奉行せしめらるるも、畢竟《ひっきょう》兵政の区分を闡明し、軍の統制をして政治圏外に超越し、政権の変異にも拘らず用兵の綱領を保持し、以て作戦に違算なからしめん事を期せらるるに在るや疑うべからざるなり。……倫敦会議への回訓の如くなからんか、啻《ただ》に畏くも大元帥陛下の統帥大権を壅蔽《ようへい》し奉るのみならず、延いては用兵作戦の基礎を危うくし、国防方針は常に政変に随ひて動揺改変せらるるの端を発き、帷幄の統帥は終に其の適帰する所を知らざらんとす」

しかしながら財部海相は、この上奏文には政府弾劾に類する文言があるとして執敷しなかった。ところが六月一〇日、加藤軍令部長は単独で天皇に拝謁して、右の上奏文を朗読して辞職を願い出た。しかし天皇は、加藤の上奏文は筋が違うと述べられて裁決されず、その扱いを財部海相に一任した。

「統帥権」に関する堀悌吉の覚書

話は前後するが、五月二八日、財部海相と加藤軍令部長が会談した結果、統帥権問題と辞職問題を別個なものにすることで話がついた。その際、加藤は財部に対して、次の覚書を起案した。

「憲法第十二条の大権事項たる兵額及編制は、軍務大臣（延いて内閣）及軍令部長（参謀総長）の協同輔翼事項にして、一方的に之を裁決処理し得るものにあらず」

この軍令部の覚書に対して、堀悌吉軍務局長は次の覚書を起案した。

「海軍大臣は海軍軍政を管理し、本省の一局をして海軍軍備その他の一般海軍軍政に関する事務を掌らしむること、海軍諸官制の明示する所なると共に、海軍軍令部長は国防用兵に参画すべきこと、海軍軍令部条例の定る所なり。また省部互渉規定第七項によるに、兵力の伸縮に関しては、省部互に意見を問議するとなり居るを以て、海軍大臣が兵力伸縮に関するが如き海軍軍備に関する事項を決済する場合には、海軍大臣、海軍軍令部長両者間に意見一致しあるべきものなり」

財部海相は東郷元帥及び伏見宮大将を訪問して、これまでの経緯について説明して了承を得た。

翌二九日、軍事参議官会議が開かれ、席上財部海相は、右の海軍省案を提示して各参議官の同意を求めた。席上岡田大将は、海軍省案の方が文辞明瞭であるとしてこれに賛同した。これには他の誰からも異議が出なかった。

加藤寛治の辞表願

五月三〇日、財部海相は閣議に先立ち、浜口首相および幣原外相と会見した。財部海相は、前日五月二九日の軍事参議官会議の結果を報告し、「将来枢密院における説明、答弁に際しては、政府は軍部の同意を得たと認めて回訓を発したとの方針で対処したい」と述べた。

席上幣原外相は、加藤軍令部長も同意したのかと質したのに対して、財部は「機密第八番電」とこれに対する加藤軍令部長電を示して、「加藤軍令部長も同意したものと理解している」との見解を明らかにした。続いて開催された閣議は、この財部海相の方針を了承した。同日午後、財部海相は伏見宮大将と東郷元帥の許を訪問して、軍事参議官会議において決定された覚書を提示した。

両者から、堀軍務局長が起草した覚書にある「海軍大臣が」という文字を削除してはどうかとの意見が出されたが、財部がこれを拒否したため、両者は已む無くこれを了承した。

同日午後四時、今度は加藤軍令部長が財部海相を官邸に訪ねて来て、再び「海軍大臣が」の文言の削除を求めたが、財部はこれを拒否した。すると加藤は、軍令部長の辞職願の受理を求めてきた。

そこで六月二日、財部海相と岡田大将と、軍令部長、軍令部次長、海軍次官の進退問題について協議した結果、加藤の辞任のみ認めることにして、時期を見て執行することにした。

加藤軍令部長と山梨海軍次官を抱き合わせで更迭

六月六日、軍令部長人事について、財部・加藤会談が行われた。席上財部海相は、末次次長の回訓当時からの動きからして、末次の更迭を山梨次官の転補と共に行うと説明したのに対して、加藤は反対した。しかし財部は、山梨次官一人を更迭して末次次長を残すことは出来ないと断言したため、加藤としても了承せざるを得なかった。

さらに財部が、「貴下が辞めるのも、我が海軍のしきたりは自ずと決まっている。武士的にやってはどうか。辞表の何のと言わずに」と説得したが、加藤の頑なな態度を崩すことは出来なかった。

六月一〇日、海軍次官と軍令部次長の両者は抱き合わせの形で更迭され、新次官に小林躋造《せいぞう》（二六期、広島）中将、新次長に永野修身《ながのおさみ》（二八期、高知）中将がそれぞれ就任した。

同日午前一一時、加藤は天皇に拝謁した。加藤は海軍大演習について上奏した後、統帥権問題についての所信を述べ、海相に提出した上奏文を捧持朗読して骸骨を乞うた。なおこれについては前述の如く、天皇はその扱いを財部に一任された。

午後三時過ぎ、加藤は海相官邸において、財部海相に面会した。

席上財部が、「誠に残念であった」と述べたのに対して、加藤は「今日ある事は、ワシントン会議の失敗に鑑み二度と軍備を外交の犠牲となさしめざらんがため、かねて覚悟したる上のことなるが、事志と違い再び外交の犠牲となしたるは遺憾至極なり」と述べた。

会見終了後、財部海相は、岡田大将はじめ海軍省幹部を集めて、加藤との会談の内容を説明して、「厳密に言えば、官紀を乱し、海軍の顔に泥を塗ったもので、大臣は陛下にお叱りを受けるべしとも思う。大臣は取りあえず侍従長と会い、今日はかくかくの事件があり、誠に恐懼に堪えない旨申す考えである。……ここは通常の人事行政の手続きをやる他ないだろう。……そうなれば参議官に転辞させても宜しいか」と述べた。

これに対して岡田は、「事ここに至っては、如何ともすることが出来ない。谷口（尚真《なおみ》、呉鎮守府長官、一九期、広島）と交替がいいだろう。予め加藤を軍事参議官にするのがよかろう。それはすぐやらなければならない」と言って、財部の考えに賛成した。

六月一〇日午後四時三〇分、財部海相は天皇に拝謁し、谷口尚真大将の新軍令部長と、加藤寛治の軍事参議官の就任を奏請した。

天皇は特に、「後任者の兵力量に関する意見はどうか？」と下問された。これに対して財部海相は、「谷口は極めて穏健なる意見を持っています。財部は先般帰朝の途次、京城にて図らずも谷口と会見しましたが、谷口はこの兵力を以て協同一致してやらなければならぬとの意見を持っておりました」と奉答したところ、天皇は「よし！」と深く頷かれた。

翌日の六月一一日、加藤軍令部長は更迭され、谷口が新部長に就任した。

東郷元帥の老いの一徹

財部海相は山本権兵衛大将（首相、伯爵）の女婿として、陰で「殿下」と揶揄されながらも、誰恐れることもなく特進コースを歩んできたが、ここに来て悪評が湧き立つようになった。

六月二〇日、山本英輔《えいすけ》（二四期、鹿児島）第一艦隊兼連合艦隊司令長官は岡田大将を訪ね、「昨夜、麻布の興津庵で、艦隊の長官・司令官の集まりがあった。そこに出席した皆が、大臣は速やかに辞職しなければならぬと言う。軍令部長のみを辞めさせて、大臣がその職に留まっているのは大臣の将来のために宜しくない」と語った。

六月二四日、岡田大将は特命検閲使の御沙汰を得るために拝謁した後、奈良武次侍従武官長と会談したが、その際岡田は、「財部が部内で評判が悪い。自分は辞職勧告の役回りを押し付けられることを恐れている」と述べた。

同日、海軍省において岡田は谷口新軍令部長に対して、「早く兵力補充計画を定め、伏見宮と東郷元帥に対しては、責任者たる海軍大臣と軍令部長から極力了解を願わねばならない」と助言した。

これを受けて谷口新軍令部長は、ロンドン条約批准と同条約に伴う兵力量の補充案について、伏見宮と東郷元帥から了解を得るための工作に乗り出すことになった。

その結果伏見宮は、「ロンドン条約には不満であるが、政府において適当な補充計画を立てるならばほぼ国防を全うし得る。ロンドン条約は批准されなければならぬ」と了解するに至った。

一方東郷元帥の方は、ロンドン海軍条約に対する強硬な態度をなおも崩そうとはせず、「一九三五年の会議で云々するよりも、今達せられないものがどうして達せられようか。今一歩退くのは、これまさに退却するものである。危険限りない」と批判した。

七月三日、加藤寛治は東郷元帥への説得のため訪ねて来た谷口に対して、「何を言うても元帥は、政府ことに財部海相に全く信を置かれんのであるから、第一条件として財部を辞職せしめずしては、到底問題とならず」と語った。

七月四日午後二時三〇分、水交社において、岡田、加藤・谷口の三人が会談した。席上、岡田は加藤から、「財部が辞職すれば、東郷の説得に協力する」旨の言質を得た。そこで岡田は同夜七時、官邸で財部海相に面会して、局面打開の方策として、批准後財部が辞任することを、伏見宮と東郷に対して表明するように説得した。

その夜遅く、財部は谷口に対して辞職する旨を表明し、岡田と谷口が伏見宮と東郷に対して、この条件を伝える役目を引き受けることになった。

その後伏見宮と東郷は、岡田と谷口に対して、財部の即時辞任を強く要求した。

このため七月六日早朝、財部海相は東郷元帥の許を訪れて、辞職することを明言した。

同日、加藤は岡田との約束に従って説得のために東郷の許を訪れたが、その際東郷は次のように語った。

「財部は、また陛下が条約の批准を望まるるように御沙汰のあったことを今度も余に話したが、自分はこう言うてやった。『けれども例え御上のお言葉たりとて、それが正しからずと考ふれば御諫め申さねばならぬ。殊に軍事上の事は軍事参議院と言うものがあり、こういう場合に、信ずる所を申し上げてご意見を致すのが、その責任ではないか。即ち善い悪いを評議して上奏することをしなければ、軍事参議院などあっても無くても良い。財部大臣が大臣としてそうなさるならば、自分は自分で元帥として尽くすべきところを尽くし、所信を申し上げるであろう。……いずれにしても大臣の替る事は、一日早ければ一日の利がある。……・岡田大将は大臣が直ぐ辞めると政治上の影響が重大だと縷々述べたが、片々たる政府が倒れようと倒れまいと、海軍の崩壊には代えられぬ。政府は自家の都合のままで、海軍を引っ張っているのだ。こんな政府は早く代わって建て直して、明るい政府にした方が如何に海軍のためになるか知れない』」

七月八日、財部、谷口、岡田の三人は、条約諮詢の仕方について協議した。その結果、伏見宮、東郷元帥の両人とも、元帥府でも軍事参議院でもいいということだった。このため、前例に従って元帥府諮詢を決定して、その手続きを進めることにした。

数日後、谷口は東郷に対して、元帥府諮詢について陸軍側も同意したことを伝えたところ、東郷は、「元帥府諮詢の事については昨夜よく研究したが、この度の事はなるべく多くの人の意見を聞きたいと思う。また元帥府ともなると、上原（勇作、陸軍）という一理屈云う男がいる。甚だ面倒である。軍事参議院と言う事に出来ぬか」と述べた。これに対して谷口は、「軍事参議院としますと、海軍のみの軍事参議院になります（が）……。そうなるよう取り計らいます」と返答した。

これより二日前の七月六日のこと、加藤は東郷元帥の許を訪れた際、「軍事参議院または元帥府へ御諮詢のこと絶対に必要でありますが、陸海軍一緒では多数決の不利あり。無理解、反感などから、却って不純なる発言をする者も無いではありませんから、海軍だけで宜しかろうと思います」と述べていた。

この加藤の言葉の裏には、「海軍軍事参議院ともなれば、条約賛成は財部、岡田、谷口の三人であり、反対は伏見宮、東郷、加藤の三人と予想され、そうなると、議長である東郷元帥の一票によって決せられることになる」との読みがあった。

かくして七月二一日午前八時半、海相官邸において、非公式軍事参議官会が開催された。出席者は、東郷元帥、伏見宮、岡田、加藤の軍事参議官、および財部海相と谷口軍令部長である。

会議では、「補充案」「防御計画」「御諮詢案」「奉答文案」について審議が行われた。

席上伏見宮は、「この補充計画につき、海軍大臣には出来る見込みがあるか？」と質問した。

これに対して財部海相は、「それは政府の財政の都合によりますので、海軍でこれだけ入用だと言っても、財政の状況によって全部実現するとは申し兼ねる」と返答した。

伏見宮はこの返答に納得せず、重ねて「そのような頼りのないものではよくない！」と叱責した。

そこで谷口は、「本日の会議はこの程度で打ち切り、大臣から政府が誠意をもって欠陥補充をなすの意ありや否やを確かめられたし」と助け船を出して、午後三時に散会した。

同夜、急遽首相官邸に、浜口首相、幣原外相、財部海相、安達謙蔵内相、江木翼鉄相の五閣僚が参集して対応策を協議した結果、翌日引き続いて開催される非公式軍事参議官会議において、財部海相が次のように陳述することを決めた。

「国防方針に基づく作戦計画を維持遂行するために、兵力に欠陥ある場合、これが補填を為すに付いては、海軍大臣としては軍令部と十分協議を遂げ、最善の努力を以て之が実現を期すべきは申すまでもありません。なお総理大臣に付、この事に関しその肚を聞きたるに、『軍事当局に於いて研究の結果、兵力補填を要すものありと言ふ事であれば、政府としても財政その他事情の許す限り範囲に於いて最善を尽くし、誠意を以て之が実現に努力する考えである』と確かめたのであります」

七月二二日の会議の直前、財部海相は岡田と谷口に対して、上記の陳述書を示した。その際岡田より、この陳述書の中の「の許す範囲に於いて」には、必ず文句が付くので削除された方がよい」との助言があった。

さて会議においては、財部海相が右の箇所を「を緩急按配し」と改め、政府との交渉の結果について説明した。これに対して東郷元帥からは、「兵力に欠陥ある場合」を「兵力に欠陥あり」で止めてはどうか」との意見が出された。

しかし岡田が、「この補充案は加藤軍令部長時代に立案され、その後練って補充案があるのに上奏しないと、軍部としてその職責を尽くさざることになる」と主張したため、結局、右の原案に、東郷、伏見宮はじめ全員が賛成することになった。

同日、谷口軍令部長は急ぎ葉山の御用邸に赴き、天皇に対して軍事参議官会議の招集を上奏した。

翌二三日午前一〇時、宮中において海軍軍事参議官会議が開催された。席上谷口軍令部長より、左記の「奉答書」についての説明が行われ、全会一致をもってこれを可決した。

この「奉答書」は、七月二三日、東郷元帥から天皇に奉呈され、続いて谷口軍令部長の上奏によって内閣総理大臣が閲覧し、二六日、浜口首相は次の敷奏《ふそう》を奉呈した。

「今般閲覧せしめられたる倫敦海軍条約に関する軍事参議院の奉答に付恭しく案ずるに、帝国海軍の整備充実は、之を忽《ゆるが》せにすべからず。軍事参議院の奉答せる対案は、洵《まこと》に至当の儀と思料するを以て、倫敦会海軍条約御批准を了せられ、実施せらるる上は大臣は該対策の実行に務むべく、而して之が実行に方《あた》りては、固《もと》より各閣僚と共に慎重審議し、財政その他の事情を考慮し、緩急按配其の宜しきを制し、更に帝国議会の協賛を経て之が実現に努力し、最善を尽くして宏謨《こうぼ》を翼賛し奉らんことを期す」

侍従武官「今村信次郎日記」に見るロンドン海軍軍縮会議

筆者は、令和二年の米沢有為会東京支部の新年会において、侍従武官今村信次郎海軍中将を大叔父に持つ関口真博氏の親交を得た。数日後、関口氏から筆者宛に、関口氏が編集作業をしている今村信次郎中将の日記の一部が届けられた。

そこでここでは、昭和五年ロンドン海軍軍縮会議当時の「今村信次郎日記」に従って、宮中や海軍の動きについて紹介したい。

今村信次郎は、明治一三（一八八〇）年一二月四日、旧米沢藩江戸家老で農業を営む今村滝次郎の次男として生まれた。米沢中学校を経て、明治三五年一二月に海軍兵学校（三〇期）を卒業する。翌三六年一二月海軍少尉に任官したが、この時今村は百武源吾と入れ替わって首席となった。

明治三八年一月中尉に進級して三笠乗組となり、日本海海戦では安保清種砲術長付として参戦した。その後三八年一二月、鹿島の回航委員としてイギリスに出張し、三九年帰国後の九月大尉に進級する。

大正二年五月海軍大学校甲種一一期を首席で卒業した今村は、伊東祐亨《ゆうこう》（鹿児島）元帥副官兼海軍省副官の後、兼海相秘書官となり、斎藤実《まこと》（六期、岩手）大臣に仕えた。その後、ドイツ駐在、イギリス駐在となり、帰国後は軍令部参謀、第一艦隊参謀、兼連合艦隊参謀、新高艦長、海大教官兼軍令部参謀、海大教頭、日向艦長などを経て、東宮武官兼侍従武官に補された。

大正一四年一二月海軍少将に進級し侍従武官となり、昭和五年一二月海軍中将に昇進した。七年一〇月出仕となり、同年一二月舞鶴要塞部司令官、八年九月第三艦隊長官、九年一一月佐世保鎮

今村信次郎

守府長官を務め、一〇年一二月出仕、一一年三月予備役編入となった。そして一一年一一月秩父宮家の別当となり、昭和四四年九月一日他界する。

今村はイギリス駐在時代、第一次世界大戦に艦船武官として従軍し、戦艦ヴァンガードに乗組した。ユトランド沖海戦の際は病のため病院船にいたが、この海戦で同郷で同期生の下村忠助が戦死している。

昭和五年一月二一日、ロンドン海軍軍縮会議が開催された当日、今村は日記に次のように記している。

「一月二一日（火）晴　本日よりロンドン海軍軍縮会議開催。英国皇帝並に各国全権の演説ラジオにて放送あり。日本放送局にても之が受信の成功に務め、夜八時過より待ち受けたる処、皇帝陛下のものは微《かす》かにそれ以後稍《やや》明瞭に聴取するを得。愈々一〇時一五分過（午後）若槻全権の演説は最も比較的明瞭に聴へ、我国とか日本とか各部々的には能く聴取るを得たり。科学の進歩も斯くして倫敦に於ける海軍会議の演説は、日本に居ながらにして聴き得るは驚異に値すると云ふべし」

ロンドン会議は、この日から四月二二日の日米英三国による調印まで続くことになった。次にロンドン会議についての記述が出てくるのは、軍縮条約の締結をめぐって政府側と軍令部が激突した三月二五日付である。

参考のために、この前後の経緯を記すならば、次のようになる。三月一五日、ロンドンの日本全権から東京の外務省に条約締結に関する回訓が到着した。翌一六日、加藤寛治軍令部長、東郷元帥、末次信正次長、加藤隆義軍令部第一班長は、この回訓案に対して強硬に反対する意向を示す。三月一七日、末次次長は独断で、次のような声明を発表した。

「元来日本の総括七割は、大巡七割と潜水艦所有量の二つの重要なる要求を内容として始めて意味を為すものであるのに、米の提案は唯其の外観計りを譲り、肝心の内容に於ては依然として自説を固執するものである。……海軍として、かかる提案は到底承認し得ざるものである」

三月二四日、回訓案に関する非公式軍医事参議官会議が開催され、席上加藤軍令部長は、ロンドン会議が決裂しても、「深憂すべきものにあらざる」旨の極めて楽観的な見解を表明していた。しかしながら二五日、浜口首相は「会議の決裂を賭する如きことは至難」との見解を明らかにした。

こうした中にあって今村は、「三月二五日（火）晴　小雨　倫敦海軍会議回訓案につき海軍、外務、大に異見ある真相世間に現はれつつあるこそ、甚だ顰蹙せざるを得ず」と、海軍内の紛糾が外部に洩れていることを深く憂いた。

「四月一日（火）小雨　倫敦海軍会議請訓に対する回訓案は去一三日以来熟慮中の処、海、外意見の一致をみざるも、遂に閣議決定、首相より内奏の上回訓せらる。軍令部長上奏は、明日午前一〇時半のこととなる」

「四月二日（水）軍令部長拝謁。軍縮会議米国案につきて上奏す」

三月三一日、上奏を決意した加藤が宮中の都合を伺ったところ、鈴木貫太郎侍従長は、「首相の上奏前に同じ案件で軍令部長が上奏するのは穏やかでない」として自重を促したため、結局四月二日に延期されることになった。その後加藤寛治軍令部長は六月に辞任する。

「六月五日（木）末次軍令部次長の海軍軍事学の御進講あり。引続き倫敦海軍会議の回訓経緯に関するものにして、其所見と共に頗る思ひ切ったる御進講なりし」

「六月一〇日（火）晴　軍縮会議紛糾　山梨海軍次官、末次軍令部次長更迭発表。午前一一時加藤軍令部長特別大演習御沙汰書につき奏上の為拝謁。次いで時局に関し内奏し、骸骨を乞ひ奉りたり。……古賀副官本日加藤軍令部長内奏の件につき来訪。四時三〇分海軍大臣御召。後武官長、東郷元帥邸に至る」

「六月一一日（水）晴　午前岩下人事局一課長来訪、親任式の件。加藤軍令部長は軍事参議官に、谷口（尚真）呉鎮長官は軍令部長に、野村（吉三郎）中将は呉鎮長官に親補せらる」

「七月三日（木）晴　午前古賀（峯一）大佐来訪。加藤軍令部長軍事参議官拝命後拝謁の際の御言葉の件。三時青山斎場にて八代（六郎大将）告別式。……山路（一善《かずよし》、一七期、第二戦隊司令官、愛媛）中将より今回の時局、風説につき話あり。尚も事宮中に関することは、大いに慎重を要し、妄りに風評を立つる如きありては不忠なりと送襲す。六時紅葉館にて交友会、左近司（政三）中将の倫敦会議の話あり」

ここにある「加藤軍令部長の拝謁の際の御言葉の件」とは、加藤が不満を持って辞任したため、不穏当な言葉が出ないように牽制したことを指している。

前述したように左近司政三中将は今村と同じく米沢の出身であり、ロンドン海軍軍縮会議では首席随員を務めた。左近司は「条約派」であったため、昭和六年一二月海軍次官を務めた後、同郷の南雲忠一や近藤栄次郎らの「艦隊派」から、強硬に辞職を迫られ、九年三月に海軍を去る羽目になった。

「九月一六日（火）小雨　当番。ゴルフ御相手。御夕食御相伴、永積、今村、高橋。明日第十

一回枢府精査委員会質問打切の報あり。嗚呼回訓当時より政界は勿論、社会言論界殊に軍部関係其他一般の風潮は、何となく闇流と邪推との錯綜に加へ感情問題となり、恰も幕末に於ける公武や朝幕の関係もかくやあらんと思はれたり。人心の一新と明るさ公明正大の気風とは、当今の急務なると共に海軍部内の統制に向けて大に改善の要あるを認む」

「一〇月一日（水）晴　ロンドン海軍条約枢府本会議可決」

「一〇月二日（木）曇　ロンドン条約御批准」

「一二月一日（月）晴　海軍中将に任ぜらる」

今村の日記を読んでみると、彼がロンドン海軍軍縮条約に関して賛成の立場にいたことがわかる。

新軍令部条例、省部業務互渉規定問題と井上成美

ロンドン海軍軍縮条約をめぐる日本海軍内の条約派と艦隊派の対立は、一応、山梨勝之進、堀悌吉らの「条約派」と、これに対立する加藤寛治・末次信正らの「艦隊派」の両派を更迭する形で収拾されることになった。形は両派相殺だったが、実際的には「条約派」の衰退となった。

昭和六年一二月、陸軍が閑院宮載仁《かんいんのみやことひと》親王を参謀総長に据えると、海軍もまた谷口尚真《たにぐちなおみ》（一九期、広島）に代えて、翌七年二月二日、艦隊派の総帥格の伏見宮博恭《ふしみのみやひろやす》王を軍令部長に擁立した。

さらに加藤・末次派は、就任以来わずか四ヶ月の百武源吾に代えて、昭和七年二月、加藤直

系の高橋三吉《さんきち》（二九期、東京）を軍令部次長に据えた。無定見な宮様部長を担ぐ軍令部の実質的権力者は、次長の高橋三吉であった。

その高橋は、海軍大学校、軍令部、連合艦隊と加藤の幕下にあり、加藤が軍令部次長時代は、第一班二課長として仕えた腹心だった。しかしこの改定には大きな抵抗が予想されたためすぐには行わず、手始めに「戦時大本営改定」から取り組むことにした。

高橋は、軍令部第一と第二課長時代（大正一一年一一月〜一三年五月）、軍令部令の改定を試みたことがあった。

大正一一年、第四十六帝国議会において加藤友三郎海相は、「主義として軍部大臣は武官でなければならぬとは考へておらぬ。主義の問題でなくして、実行上において円満に行くかどうかが問題である」と答弁していた。これは前述したことだが、『加藤伝言』にもあるように、「文官大臣制度は早晩出現すべし。これに応ずる準備を為し置くべし。英国流に近きものにすべし。これを要するに思い切りて諸官衙を縮小すべし」と述べており、英国流の文官大臣制の確立に強い期待感を示していた。

一方の高橋三吉は、近い将来予想される文官大臣の出現に対処すべく、出来るだけ軍令部の権限を拡大することを意図していた。しかし加藤寛治次長と末次班長らは、大御所たる加藤友三郎の叱責を恐れて、高橋の意図に積極的に応じようとはしなかった。

大正一二年六月、加藤寛治に代わって堀内三郎（一七期、兵庫）が軍令部次長に就任した。その堀内は、「これは現行のものと比べて大改革だ。正式に商議をしても事は面倒だ。軍令部の意見として提出しよう」と考えた。

日本海軍においては、山本権兵衛海相時代から海軍省の権限は大きなものがあり、伝統的に、海軍省が軍令部に対して優位を保っていた。

佐藤鉄太郎は、軍令部次長時代（大正四年八月～同年一二月）にこの改定を企てたが、加藤友三郎海相の忌避に触れて、突然軍令部次長から海軍大学校校長に左遷された。

このような経緯を踏まえて軍令部側は、その権限強化の第一歩として、「戦時大本営編制」と「職員勤務令」の改定から着手することにした。海軍省側の担当者は、軍令部第一課長の沢本頼雄大佐（三六期）、そして後任の井上成美《しげよし》大佐（三七期）だった。

井上成美は、明治二二年一二月九日、井上嘉矩《よしのり》と元《もと》の八男として仙台に生まれた。

維新前、父の嘉矩は幕府直参（勘定奉行普請方）だった。数理に長けていた嘉矩は、出島にいたオランダ人技師から土木技術を学ぶために、幕命によって長崎へ遊学した。その理数系の合理的な資質を、成美は受け継いだ。

井上は、仙台二中を経て、明治四二年一一月、海兵を次席で卒業した。クラスヘッドだった小林万一郎が大正一一年病没したため、これ以降、井上が三七期のクラスヘッドになった。

井上は、大正七年一二月からスイスに駐在し、九年七月からはヴェルサイユ平和条約実施委員となり、ドイツ駐在となった。当時の日本代表の首席委員は、「米沢海軍」を代表する左近司政三（二八期）だった。井上は、一〇年九月からフランス駐在となった。

井上成美

その後大正一一年一二月、井上は海軍大学校甲種学生（二二期）となり、一三年一二月、海大を卒業と同時に、海軍省軍務局員に補された。軍務局は海軍軍政の要の部署である。軍務局員になるということは、順調にキャリアを積んで行けば、日本海軍の中枢に座ることを意味している。したがって軍務局員になることは、将来日本海軍の最高幹部になるための見習いを意味した。

　軍務局の所掌は広範囲にわたっており、およそ海軍大臣の名において出される部内外への書類や電報などの総ては、この軍務局を経由することになっていた。軍務局員は事務分隊区分によって、A局員、B局員、C局員と呼称されていたが、井上は第一課B局員を命ぜられた。B局員の担当は、艦隊、軍隊の編成、役務、進退に関する事務、艦船、部隊、官衙、学校の定員制度に関する事務である。

　井上は、三五歳から三八歳までの足かけ四年間にわたる軍務局勤務を通して、海軍軍政の詳細を知ることになった。この時に勉強したことが、それから八年後、「軍令部条例改定」に対して、軍務局第一課長として井上が断固反対する理論的基礎になった。

　井上がB局員として仕えた海軍大臣は、財部彪大将（一五期）、続いて岡田啓介大将（一五期）で、次官は安保清種《あぼきよかず》中将（一八期、のち大将）、大角岑生《おおすみみねお》中将（二四期、のち大将）、また軍務局長は、小林躋造《せいぞう》少将（二六期、のち大将）と左近司政三少将（二八期、のち中将）、さらに第一課長は塩沢幸一大佐（三二期、のち大将）と吉田善吾《ぜんご》大佐（三二期、のち大将、佐賀）である。

　このように井上成美は、三七期のクラスヘッドとして、軍政畑を一貫して歩んだ山梨勝之進（二五期）や左近司政三直系の国際派の士官であった。

　さて軍令部による改正案とは、従来海軍大臣の下にあった「海軍軍事総監部」以下の軍政諸機関を廃止して、「大本営海軍戦備考査部」の一機関を新設し、ここに大臣以下の海軍省首脳部を包括し、これを軍令部長の下に置く軍令機関とする。さらにまた「大本営海軍報道部」を新設することによって、報道宣伝を実質的に軍令部側の担当にするというものであった。

続いて軍令部側で着手したのが、軍令部編制の強化改定である。明治二六年、海軍軍令部が発足した時には、部長の下に、第一局（出師作戦、編制など）、および第二局（教育訓練、諜報など）があり、総定員は海外の公使館付将校や部内の書記などを含めても二九名という小所帯だった。

軍令部改定案は、組織については、第一班直属（国防方針、戦争指導、軍事条約など）、第三班直属（情報計画、情報総合など）を新設し、また第三班に二課増設して、第七課（欧州列国軍事調査）、第八課（歴史）とし、さらに第四班を通信関係班として独立させ、第九課（通信計画、通信要務）、第十班（暗号研究）、第十一班（暗号維持）に改定しようというものだった。

この改定案で最も特徴的な事項は、戦争指導を担当する第一班長直属、海外情報を総合する元締めとなる第三班直属、それに海軍省の電信課を入れる軍令部第九課の新設であり、これによれば、軍令部は戦時のみならず平時においても、その権限を拡大維持できることになっていた。

これに対して海軍省側では、局長や課長は全員反対の態度をとった。このため改定案は、藤田尚徳《ひさのり》次官（二九期）、寺島健軍務局長（三一期、和歌山）の間で止まったままになった。そこで高橋次長は、岡田海相との直談判で、事態を打開しようとした。

軍令部側は期日を定めて海軍省側に回答を求め、その期日まで回答が来ようがこまいが改定を強行しようとした。当時、海軍軍令部内の編制、各課の定員は、定員増加を除いて軍令部長の独自の発令で実施できることになっていた。

昭和七年九月三〇日、高橋三吉軍令部次長は、海相官邸で岡田海相と会談した。

席上岡田が、「自分はこんな乱暴な案は見たことがない。不都合千万じゃないか！」と言ったところ、高橋は「もし改定が叶わぬのであれば、軍令部次長の重責を辞する決心でいる」と嘯《うそぶ》いた。岡田としては、到底この改定案には賛成することは出来なかった。そこで岡田は、ただ見たという印として【岡田】の印を逆さまに捺した。

高橋は「何でも構わぬ。断行する決心に変更はない」との考えの下に、喧嘩別れの状態でこの改定を強行した。

こうして昭和七年一〇月一〇日、軍令部長の権限で軍令部編制の改定が発令された。しかしながら、定員の増加は海軍大臣の認めるところとならなかったため、結局既存の定員を広く新設組織に割り振る形で改定された。

昭和七年一一月一日、井上成美は海軍省軍務局第一課長に就任した。すると間もなく井上は高橋三吉軍令部次長から呼ばれて、次のように告げられた。

「君は今度一課長となったが、自分はロンドン会議以来の海軍の空気を一掃しようと思っている。ついては大いに君に助力して貰わねばならない。統帥権の問題などもあって改正しなければならない点もあるので、君にお願いする次第である。これらの事は今やらなければならない」

井上は、「今やらなければならない」とは、伏見宮の在任中を意味すると直感した。

そこで井上は、「ロンドン会議以後の嫌な空気を何とかしなければならないという意味に対しては全く同意見でありまして、自分としても微力ながら十分これに協力したいと思っています。然るに貴官の部下は、貴官の御趣旨と全く反対の言動をやっていることを御存知ですか？例えば軍令部の課長、参謀等の中には演習や戦技等を行って、軍令部はかくかくの意見だが、海軍省の役人が腰抜けだから云々という者がいるが、これでは地方や艦隊者には、あたかも部内に対立があるかの如く響きます。かくいうようなことをしておっては、ロンドン会議以後の陰惨な空気を一掃するどころか、ますますこれをアジテートすることを御存知でしょうか?!…今一つ、統帥権問題の解決と言われましたが、自分は正しい事だったら喜んでやりますが、但し軍令部の主張だからと言っても、頭から押し付けて来られたのでは、私は承知いたしません。正しきことでなければやりません！」ときっぱり断った。

昭和八年三月二日、海軍省と軍令部の間で、軍令部条例と省部互渉規定改正の商議が開始された。

六月下旬、省部間で逐条交渉を行うことになったため、井上はそれまで研究した成果を上司に提出した。

第一の問題は、陸軍の名称に倣って、海軍軍令部の名称を「海軍」を取って「軍令部」に、「海軍軍令部長」を「軍令部総長」に変更することであった。

第二の問題は軍令部条例で、海軍軍令部長は「国防用兵に関することに参画し、親裁の後、これを海軍大臣に移す。但し戦時にありて、大本営を置かざる場合においては、作戦に関することは海軍軍令部長にこれを伝達す」とあるのを、総長は「国防用兵の計画を掌り、用兵の事を伝達す」と改め、用兵・作戦行動の大命伝達は、常に総長の任にしようとするものであった。
第三の問題は、軍令部条例第六条の軍令部参謀の分掌事項を全て削除し、海軍軍令部担当事項は、さらに下位の規定である「省部互渉規定」とか、「事務分課規定」とか、「服務規定」に具体的に出すというものであった。

こうした問題に対する井上の見解は、次のようなものである。「第一条の国防用兵の『及び』は要らぬ。第一条は大体の事を極めるべきである。国防用兵とすれば、国防と言ふ事と用兵と言ふことと離した二つのものが出来る。国防用兵とすれば、大きな根本の事を示すやうになる。……・旧条例第六条の参謀の分掌事項の定めたのを削除した事は宜しくない。これは軍令部の実際の所掌を定めたものである。故にこれを取ってしまえば、軍令部は何でも干渉して来ることとなる。第一条は、例えば『軍令部を東京に置く』といふ意味の如きものである。改正案のようにすれば、国防の事でも何でも言へる事となり、しかも海軍の事、およそ国防または用兵に関係せぬ事は一つもない。また第三条に用兵の事を伝達すとあるが、用兵とは何ぞやと言うことが決まらずしては承認出来ぬとしたが、なかなか聞かぬ。一課長としては、これは互渉規定で判然とすることだからと言うので、軍務局長も承認された。第一条と用兵の事を伝達するところと、六条の参謀の分掌事項の事が主要なる問題であった」

当時海軍省側には、海軍大臣は憲法上明確な責任を持つ国務大臣であるのに対して、海軍軍令部長は大臣の部下でもなく、また憲法上の機関でもないから、憲法上責任を取ることがないので、大臣の監督権の及ばない軍令部長に大きな権限を与えるのは、立憲政治の原則に反して危険であるという考え方が基本的にあった。

海軍軍令部の省部互渉規定改正案は、それまで海軍省の権限と責任に属していた事項の相当部分を、軍令部の権限内に移そうとするものだった。

次に軍令部の権限拡大の具体的内容について記してみれば、第一に、兵力量に関する主務を、明確に軍令部に移すことであった。

この問題は、ロンドン海軍条約回訓問題以来、日本海軍の上層部で、揉みに揉んだ末に、昭和五年七月、財部海相が上奏して裁可を得、「海軍兵力に関する事項は、従来の慣行によりこれを処理すべく、この場合においては海軍大臣、海軍軍令部長に意見一致あるべきものとす」と決定された。

しかし「従来の慣行」の意味が不明瞭だったことから、その後も問題となり、昭和八年一月、陸海軍首脳四者（荒木貞夫、閑院宮載仁王、大角岑生、伏見宮博恭王）の間で、「兵力量の決定について」という覚書が作成された。それによれば、「兵力量は国防用兵上絶対必要の要素成るを以て、統帥の幕僚たる参謀総長、海軍軍令部長これを立案し、その決定はこれ帷幄機関を通じて行はるるものなり」となっていた。

第二は、人事行政の問題だった。従来は海軍大臣の専権する軍政事項とされ、互渉規定で参謀官の進退に関してのみ大臣が軍令部長に商議するように決められていたが、軍令部案によれば、兵科将官、艦船部隊指揮官までその範囲を広げて起案件を求めようとするものだった（「軍令部令改正の経緯」（井上成美談話収録）。

第三は、警備船の派遣問題だった。従来は軍政事項として海軍大臣の主務だったものを、軍令部総長の主務とし、起案も上奏も伝達も、軍令部側が実施しようとするものであった。その他、教育、特命機関などについても、省部何れを主務とするかで問題となった。

井上に対する軍令部側の交渉者は、第一班第二課長の南雲忠一大佐（三六期）だった。

その南雲が、ある日物凄い剣幕で井上（三七期）の所にやって来て、「貴様のような訳の分からない奴は殺してやる！」と怒鳴った。

井上も負けじと、「やるならやってみろよ！　そんな脅しでへこたれるようでは、職務が務まるか！」と言い返し、机の中から自分の遺書を取り出して、南雲の顔の前につきつけた。

それには、次のように記されていた。

「（表書き）井上成美の遺書　本人死亡せばクラス会幹事開封ありたし
（内容）一、どこにも借金はなし
二、娘は高女だけは卒業させ、出来れば海軍士官へ嫁がしめたし」
（「元海軍大将井上成美談話録」）

このように険悪な状態だったため、井上と南雲の間の交渉は全く進まなかった。

交渉はそのまま寺島健軍務局長（三一期）と嶋田繁太郎第一班長（三二期）の交渉に棚上げされることになったが、ここでも停滞したため、七月三日、高橋三吉次長から藤田尚徳次官に話が持ち込まれた。しかし主務者の井上が了解していないものを次官に持ち上げたからと言って、どうなるものでもなかった。

ところが大角海相（二四期）は伏見宮軍令部長と交渉した結果、七月一七日、大角は宮様部長の威圧に押されて、海軍省側の主務者不同意のまま、軍令部改定案に基本的に合意してしまった。

九月に入って、軍令部側が最終案を提示してきた。その際、伏見宮は大角海相を呼んで、「この案が通らなければ、軍令部長を辞める」と脅しをかけ、「私が大演習に出発するまでに片付けたい」と、期限を区切って軍令部案の承認を強く迫った。

九月一六日、井上は寺島健から軍務局長室に呼ばれた。この席には、藤田尚徳海軍次官（二九期）と榎本重治書記官も同席した。

席上寺島は、「ある事情により、この軍令部案によって改正しなければならなくなった。こんな馬鹿な案で改正をやったという事の非難は局長自らこれを受けるから、曲げてこの案に同意してくれぬか」と述べた。

これに対して井上は、「自分でも正しくないという事には、どうしても賛成できません。私は長年御奉公して来ましたが、常に正しい事をやる。不正な事はどこまでも反対する方針で来ました。また当局も、自分をそういう位置で使ってくれましたし、私もこれで御奉公して来ました。今度の事情はどうか知りませんが、自分で不正と信ずるものに同意しろと言われることは、井上自身の節操を棄てろと言われるに等しいものであります。自分は今更自分の操を棄てたくありません。……この案を強化される必要ありとすれば、第一課長を替えて、判の捺せるのを持って来て通される必要がありましょう。自分はこういう事態に至らしめた道徳上の責任は負います。これで現役を退かれても少しも悔むところではありません。正しき事が通らず、不正がまかり通るようでは、そんな海軍では働く所がありませんから、辞めさせて下さい」と突っぱねた。

この日は土曜日だったので、井上はサッと背広に着替えて鎌倉の自宅に戻り、娘の靚子《しずこ》に向かって、「今日まで半年間軍令部という所と、ある重要な問題で戦って来たが、今日は正面衝突して討死して来た。海軍を辞めることになると思うが、お前には女学校だけは卒業させる。その後の事はその時のことだ」と告げた。

それから四日後の九月二〇日のこと、軍務局第一課長の職を阿部勝雄大佐(四〇期、岩手、のち中将)に引き継いだ井上は、横須賀鎮守府付という一時待機のポストに転じて、次の発令を待つことになった。

数日後の夜、岩村が再び井上邸を訪ねて来て、「今日貴様の胸がスッとするようなニュースを報せに来たんだ」と言って、次のような話をした。

九月中旬には省部の案が確定し、九月二一日、大角海相は軍事参議官会議を召集した。席上加藤寛治が立ち上がり、祝辞を述べた。

その後九月二三日、大角海相が天皇にご裁可を申し出たところ、天皇はいろいろ質問されたものの即日裁可されず、翌日になってようやく裁可された。関係者の間では、この天皇の留保は、反対意思の表明と理解された。

天皇は大角へのご下問において、「この改正案は一つ運用を誤れば、政府の所管である予算や人事に、軍令部が過度に介入する懸念がある。海軍大臣として、これを回避する所信は如何。即刻文書を出す様に」と述べられた。

新軍令部条例は、九月二六日付で「軍令部例」と名称を変え、また「新省部互渉規定」は「海軍省軍令部業務互渉規定」と名称を変えて、同年一〇月一日付で発令された。

憤然と海軍省を去った井上成美に対しては、伏見宮より、「井上をよいポストにやってくれ」との口添えがあったという。

昭和八年九月二六日、従来の勅令であった軍令部条例は廃止され、軍令部第五号として「軍令部令」が新たに制定された。これによって、「海軍軍令部」が「軍令部」に、「海軍軍令部長」が「軍令部総長」に改称された。

また官房達であった「省部事務互渉規定」は廃止となり、一〇月一日、「内令二百九十四号」として、「海軍省・軍令部業務互渉規定」が新たに制定された。

これにより、明治五年二月二七日に海軍省が創設されて以来、約六〇年に亙って築き上げられてきた海軍大臣の権限は縮小され、代わって軍令部総長に強大な権限が与えられることになった。

「条約派」の山梨勝之進、左近司政三、堀悌吉、「大角人事」の犠牲となる

昭和一六年、太平洋戦争開戦時における日本海軍の首脳は、海軍大臣及川古志郎（三一期）、一〇月から嶋田繁太郎（三二期）、軍令部総長伏見宮（皇族）、四月から永野修身（二八期）の陣容であった。この四名はいずれも軍令部系の出身者である。

及川は、大正一三年～一五年軍令部第一班第一課長、昭和五年～七年軍令部第一班長、次の嶋田は、大正九年～一一年軍令部第一班第一課、昭和七年～一二年軍令部第三班長、並びに第一班長、軍令部第一部長、軍令部次長を歴任した。伏見宮は、昭和七年～一六年四月まで軍令部総長、永野は、大正一三年軍令部第三班長、昭和五年～六年軍令部次長を、それぞれ歴任し

ている。

日本海軍は伝統的に、軍令部に対し海軍省が絶対的優位にあった。ところが太平洋戦争開戦年の省部の首脳に一人も海軍省系がいなかったという事実は、いつの間にか海軍省優位の伝統が崩れ、軍令部優位の逆転現象が起こっていたことを物語っている。

昭和一六年の太平洋戦争開戦時、一一年前の昭和五年のロンドン海軍軍縮条約の成立のために奔走した山梨勝之進や堀悌吉は、既に現役ではなかった。両人とも順調に行けば、当然日本海軍を指導すべき地位に居る筈の国際派の将官であったが……。

しからばここでわれわれとしては、大角海相時代の日本海軍の実態について解明してみなければならない。

大角岑生《おおすみみねお》（二四期）は、明治九年五月、愛知県に生まれ、愛知一中から攻玉社を経て海兵に入学した。

明治四〇年一二月海軍省軍務局員に補され、明治四二年一月から四五年六月までドイツ駐在、明治四五年七月から大正二年五月まで軍議参議官副官として東郷元帥付となり、大正三年四月から軍令部参謀、続いて大正七年一二月からフランス駐在、大正八年三月、フランンス大使館付武官となり、大正一四年四月から海軍次官、昭和四年一一月横須賀鎮守府長官、昭和六年四月大将に昇進し、ロンドン海軍軍縮会議後の同年一二月海相に就任した。

その後軍事参議官を経て、昭和八年一月から再び海相となり、一〇年一二月男爵を賜った。

しかし太平洋戦争直前の昭和一六年二月、南支那で飛行機事故にため死亡した。

昭和八年一月九日、岡田啓介に代わり大角岑生が海相に就任した。ところが八方美人の大角は、「宮様」軍令部長の威光を利用して、加藤友三郎の流れを汲む「条約派」の将官を次々と放逐した。

昭和八年一一月一五日、海軍の大異動が発表されたが、同日付の『朝日新聞』は、次のように大角人事を批判している。

「大角海相の最近における人事行政が、兎角の不評を招いていた事実もあったので、一般に多大の注目を引いていたが、発令されたところを見るに、かなり常道を離れて無理している点もあり、必ずしも欠陥なしとは言い難い。すなわち先の寺島（健、軍務局長）中将問題に続いて佐世保鎮守府長官左近司政三中将、第一戦隊司令官堀悌吉中将を、いずれも軍令部出仕としたことなどは、いわゆるロンドン条約派を排撃する一部の勢力関係に押されて、有用の人材を無批判に閑地に投じたるものであるとの批評もあり、部内でも不備の意を漏らして向きも少なくないようである。すなわちロンドン条約の責任者は、上層だけで済むべきであるのに、当時事務官であった者まで責任を問ひ、清算の刃を加えることは、いたずらに有用の人材を失ふ所以《ゆえん》であると憂慮する者が多い。それに今回の異動で、特に注目を引いていることは、いわゆる軍政系統を閑却し、軍令系統を重要視している点である。これは部内統制上いろいろ複雑な事情があってのことであらうが、人事行政の大局から見れば、決して歓迎すべきことではない」

元海軍大佐の実松譲《さねまつゆずる》（五一期、佐賀）は、その著『ああ日本海軍』の中で、次のエピソードを伝えている。

「昭和九年、二年間の米国駐在を終わって帰国した中沢佑《たすく》（四三期、長野）中佐は山梨勝之進に会って、『私がアメリカへ行っている間に、軍政方面の権威者たちが相次いで海軍を去ったのはどうしても腑に落ちませんが、これは一体どういう事ですか？』と質した。すると山梨は、『君もそう思うか。一度君と二人きりでゆっくり話をしよう』といい、数日後に水交社で夕食を共にしながら、山梨が語った。『中沢君の言うとおりだよ。しかし海軍の人事は、一旦海軍大臣が肚を決めたらどうにもならん。大角海相の後ろから、いろいろな示唆や圧迫がかかっているんだよ。具体的に言えば、伏見宮殿下と東郷さんが海軍の最高人事に口出ししたのを、私は東郷さんの晩節のために惜しむ』

昭和九年一二月、第二次ロンドン会議予備交渉のため、英国に滞在していた山本五十六中将（のち元帥）は、日本海軍始まって以来の頭脳の持ち主として評判が高かった親友の堀悌吉が予備役に編入されたことを知って、早速堀宛に次の手紙を送った。

「吉田（善吾）より第一信により君の運命を承知し、爾来怏々《おうおう》の念に絶えず。出発前相当の直言を総長にも大臣にも申し述べ、大体安心して出発せる事、茲に至りしは、誠に心外に耐えず。坂野（常善、三三期、当時軍令部第三部、中佐）の件等を併せ考うるに海軍の前途は、真に寒心の至りなり。如此人事が行わるる今日の海軍に対し、之が救済の為め努力をするも到底六かしと思はる。矢張り山梨さんが言はれる如く、海軍自体の慢心に斃るるの悲境に一旦陥りたる後、立直すの外なきにあらざるやを思はしむ」（「五峰録」）

次に掲げるのは、大角海相時代の主な予備役編入の将官とその略歴である。

①谷口尚真大将（一九期）―加藤寛治大将の後任の軍令部長、軍事参議官を経て、昭和八年九月に予備役編入。

②山梨勝之進大将（二五期）―ロンドン海軍条約会議時の海軍次官、佐世保及び呉鎮守府長

官、軍事参議官を経て昭和八年三月に予備役編入。
③左近司政三中将（二八期）―ロンドン海軍会議時の首席随員、その後練習艦隊司令長官、昭和六年海軍次官、七年六月第三艦隊長官、同年一二月佐世保鎮守府長官を務めてきたが、八年一一月出仕となり、昭和九年三月予備役編入。予備役編入の陰には左近司が同郷の近藤英次郎や南雲忠一たちに辞任を強要されたことがある。
④寺島健中将（三一期、和歌山）―軍令部条例改定時の海軍省軍務局長、その後、練習艦隊司令長官在任一か月を経て、昭和九年三月に予備役編入。
⑤堀悌吉中将（三二期）―ロンドン会議時の軍務局長、その後第三戦隊司令官を経て、昭和九年一二月に予備役編入。
⑥坂野常善（中将、三三期、岡山）―軍事普及部委員長の時の新聞発表が問題となり、昭和九年一二月に予備役編入。

堀悌吉は、明治一六年八月一六日、大分県速見郡八坂村（現在の杵築市）の農業矢野家の次男として生まれたが、隣家の堀家を継いで「堀」姓になって育った。

杵築中学校を卒業した堀悌吉は、明治三四年一二月、海軍兵学校三二期生として、同期生一九二名と共に入校した。入校時は一番が塩沢幸一（後に大将、長野）、二番に高野（後に山本に改姓）五十六、そして三番が堀悌吉だった。

日露戦争が始まった明治三七年一一月一四日、堀は海兵を卒業した。同期生一九二名中首席が堀、次席が塩沢だった。同期生には。塩沢幸一や高野五十六のほかに、嶋田繁太郎や吉田善吾などがいた。堀は海兵を卒業後日露戦争に従軍し、三八年三月少尉に任官した。

堀は、第一次世界大戦の直前の大正二年一月から大正五年七月までフランス駐在、駐フランス大使館付武官補佐官に補された。大正三年一二月少佐に進級し、五年一二月から海軍大学校甲種学生となり、卒業時には恩賜組の一人となった。

その後堀は軍務局第一課勤務となり、軍務局長井出謙治少将、首席局員山梨勝之進大佐の薫陶を受け、大正八年一二月中佐に進級した。

大正一〇年九月、堀は海軍省官房勤務の肩書でワシントン海軍軍縮会議に、加藤友三郎全権の書記役として渡米し、随員間のコミュニケーションをとることに寄与した。この時の経験が、昭和五年のロンドン海軍軍縮会議当時、軍務局長だった堀の対処の仕方の教訓になった。

大正一一年一二月、堀は連合艦隊参謀となり、六年ぶりに海上勤務に就いた。大正一二年一二月大佐に進級し、巡洋艦五十鈴の艦長となり、一三年三月海軍省官房に出仕、同年一一月巡洋艦長良の艦長、翌一四年一二月軍令部参謀として仏国に出張し、大正一五年五月から昭和二年四月まで国際連盟海軍代表として活躍した。昭和二年四月、ジュネーブ海軍軍縮会議が始まると斎藤実海軍大将の首席随員となって会議に連なった。

昭和二年一二月、堀は戦艦陸奥の艦長として海上勤務に就いた。この時の連合艦隊司令長官は加藤寛治大将だった。翌三年一二月、堀は少将に進級して、第二艦隊参謀長となり、第二艦隊司令長官大角峯生中将を補佐し、艦隊訓練に明け暮れた。

昭和四年九月、堀は海軍軍務局長に就任した。この時の海軍大臣は財部彪で、次官は山梨勝之進だった。

前任の軍務局長は米沢出身の海兵二八期の左近司政三である。堀は海兵三二期だから、左近司の四期後輩に当たる。したがって堀の軍務局長就任は異例の抜擢といえた。

昭和五年一月二一日から四月二二日まで、ロンドンで開催された補助艦に関する軍縮会議には、財部海相が全権となって出席したため、この間は浜口首相が海軍大臣事務管理を兼任した。このため海軍内の事務処理は、山梨次官と堀軍務局長が当たり、これに裏方として古賀峯一（山本五十六死亡後の連合艦隊司令長官）海軍省首席副官が加わった。

一方軍令部の方は、加藤寛治軍令部長、末次信正次長、加藤隆義第一班長の陣容だった。なお全権団には、専門首席随員として左近司政三中将、また最高顧問として安保清種が派遣された。

その後、海軍内では艦隊派の勢力が大きくなったため、堀の立場はいよいよ危うくなった。海軍中央から遠ざけられた堀は、第三戦隊司令官や、第一戦隊司令官を歴任し、昭和八年一一月海軍中将に昇進したものの、翌九年、艦隊派が主導する「大角人事」によって予備役に編入されてしまった。

現役引退後の堀は、昭和一一年一一月から一六年一一月まで、山本五十六などの推挙もあり、「日本飛行機」の社長を務め、その後「浦賀ドック」の社長などを務めた。

ところでこの「日本飛行機（ニッピ）株式会社」の長井工場は、終戦まで、筆者の出身地である山形県長井町（現在の長井市）にあった。筆者は、戦後このニッピの跡地に建てられた新制長井中学校で学んだ。長井町には、この「ニッピ工場」に隣接して「東京芝浦電気（東京電気）長井工場」もあり、コンデンサーなど弱電関係を中心に、戦後の長井町繁栄の基盤となった。

江戸の道具図鑑

暮らしを彩る道具の本

飯田泰子著　本体 2,500円【5月新刊】

江戸時代の暮らしのシーンに登場するさまざまな"道具"を700点の図版で解説。
器と調理具、提灯化粧道具・装身具・喫煙具、収納家具・照明具・暖房具、子供の玩具・大人の道楽、文房具・知の道具、旅の荷物と乗物、儀礼の道具など

当用百科大鑑

昭和三年の日記帳付録　【尚友ブックレット37】

尚友倶楽部・櫻井良樹編　本体 2,500円【5月新刊】

日記帳の付録から読み解く昭和初期の世相。博文館『昭和三年当用日記』（昭和2年10月4日発行）の巻頭部分の記事と巻末付録「当用百科大鑑」を復刻し、日記帳そのものの歴史的価値に注目した試み。当時の世相を写す記事、現在ではなかなか調べられない事項、最新統計が多く掲載されている。

米国に遺された要視察人名簿

大正・昭和前期を生きた人々の記録

上山和雄編著　本体 12,000円【6月新刊】

ＧＨＱに接収され米国議会図書館に遺された文書中の869人分の「要視察人名簿」を全て活字化。さらに内務省警保局・特高警察などが、社会主義運動、労働運動にどう対処したのか、視察対象者の人物像、所属先と主張・行動の詳細まで詳しく分析。

芙蓉書房出版
〒113-0033
東京都文京区本郷3-3-13
http://www.fuyoshobo.co.jp
TEL. 03-3813-4466
FAX. 03-3813-4615

第4章

日独伊三国軍事同盟に反対する「奥羽海軍」良識派トリオ

二・二六事件と山下知彦大佐の予備役編入

昭和六（一九三一）年九月一八日、関東軍は奉天郊外の柳条湖で満鉄線を爆破し、満州事変が勃発した。

昭和八（一九三三）年二月二四日、国際連盟総会は、リットン報告書を四二対一（日本）で可決した。このため三月二四日、日本は国際連盟から脱退することになった。

九月七日、岡田内閣は閣議において、ワシントン海軍軍縮条約の廃棄を決定し、仏伊に共同廃棄を呼びかけたが拒否されたため、一二月二九日、単独でワシントン海軍軍縮条約の廃棄を通告した。

昭和一一（一九三六）年一月一五日、日本全権の永野修身大将は、第二次ロンドン海軍軍縮会議からの脱退を通告した。

そのような中で、二月二六日、「二・二六事件」が発生する。前夜から雪が降りしきる中、陸軍の青年将校と下士官ら一四〇〇名は、わが国の政府首脳を襲った。最初、即死と伝えられた岡田啓介首相は奇跡的に難を逃れたものの、斎藤実内大臣、高橋是清蔵相、渡辺錠太郎教育総監らは暗殺され、侍従長の鈴木貫太郎海軍大将は瀕死の重傷を負った。ロンドン海軍軍縮条約締結に奔走した岡田、斎藤、鈴木の海軍の三長老が襲われたことは、この事件がロンドン海軍軍縮条約に端を発していることを物語っていた。

二・二六事件は、「米沢海軍」にも大きな影響を与えた。

山下知彦は、高知県出身で旧姓を水野といい、山本五十六夫人の礼子は従妹に当たる。山下源太郎海軍大将の長女千鶴子と結婚して山下家の養嗣子になり、米沢中学から海兵（四〇期）に入校して、大正二年海軍少尉に任官した。

第一次世界大戦では周防に乗組み、青島攻略戦で、陸戦隊を指揮した功により五級に叙せられ、その後砲術学校の教官や軽巡洋艦球磨砲術長などを務め、大正一三年少佐に進級した。海軍大学校卒業後、造兵監督官として英国出張し、ロンドン海軍軍縮会議にも参加した。このロンドン会議で山下は、条約に反対する「艦隊派」の一員として動き、一時全権の財部彪を刺殺することも考えていたようである。

昭和六年に帰国すると、山下は養父の死亡に伴って男爵を襲爵した。

五・一五事件の被告に同情的であった山下は、事件に関与し有罪になった林正義中尉や、事件の黒幕と言われた小林省三郎《せいざぶろう》海軍中将たちとの交友を図った。

その後山下は横須賀海軍工廠総務部長に補されていたが、昭和一一年二・二六事件が起こると、この事件との関係を問われて、同年三月予備役に編入された。その際、縁戚関係にあった山本五十六は山下の予備役編入を何とか避けようと動いたが、山下と小林省三郎との間で交わした文章が決め手となって、徒労に終わった。

海軍良識派トリオ

昭和一二年一〇月から昭和一四年一〇月まで海軍省軍務局長の職にあった井上成美は、戦後、次のように回想している。

「私の軍務局長時代の二年間は、その時間と精力の大半は日独伊三国軍事同盟に、しかも建設的な精力ではなく、ただ陸軍の全軍一致の強力な主張と、これに共鳴する海軍若手の攻勢に対する防御だけに費やされた感あり。私は米内、山本両提督の下働きをやったに過ぎない。当時軍務局一課長は岡敬純大佐（三九期、山口）、主務局員は神重徳中佐（四八期、鹿児島）で、いずれも急進派の急先鋒で、既に軍務局内で課長以下と局長の意見が反対なのだから、誠に始末が悪い。……その頃には、海軍の中で反対しているのは、大臣、次官と軍務局長の三人だけという事も、世間周知の事実になってしまった」（『井上談話収録』）

陸軍との論争において、海軍がまとまった存在であ

米内光政　　山本五十六

り得たのは、米内、山本、井上のトリオが強力なリーダーシップを発揮したからである。中でも山本五十六次官は、日独伊三国軍事同盟反対の中心的存在だった。

米内光政の出身地は盛岡、山本五十六は長岡、井上は仙台と、いずれも幕末維新期では佐幕派に与した奥羽の旧藩で生まれた。三人とも「白河以北一山三文」と蔑まれた所であり、したがって学者になるか、軍人になるしか、将来を切り拓く途はなかった。

昭和一五年九月、第二次近衛内閣の下で日独伊三国軍事同盟が締結された時、この知らせを聞いた米内は、朝日新聞社副社長の緒方竹虎《おがたたけとら》に対して、「われわれの三国同盟反対は、あたかもナイヤガラの瀑布の十二町上手で、流れに逆らって船を漕いでいるようなもので、今から見ると無駄な努力であった」と嘆息した。

緒方がさらに、「米内、山本の海軍が続いていたら、三国同盟に徹底的に反対したか？」と質問したのに対して、米内は「無論反対しました。でも殺されたでしょうね」と答えた（反町栄一『人間山本五十六―元帥の生涯』）。

平沼内閣総辞職の後を受けて、昭和一五年八月二八日、突然阿部信行陸軍大将に組閣の大命が下った。天皇としては、「阿部信行を総理として、適当な陸軍大臣を出して粛清しなければ、内政も外交も駄目だ」と考えていた。

阿部内閣が発足して四日後の昭和一四年九月一日、ドイツ軍はポーランド侵攻を開始し、九月三日、イギリスはドイツに対して宣戦布告をしたため、第二次欧州大戦が始まることになった。九月四日、阿部内閣は欧州大戦の不介入を声明した。

この頃日本国内は、ソ連と手を握ったドイツに対する不信感でいっぱいだった。このような中にあって親独派の影は薄くなり、反対に外務、海軍、財界方面の親英米派の勢力が盛り返した。

九月二五日、親英米派として評判が高かった野村吉三郎海軍大将（二六期）が、外相に就任した。一方大島と白鳥の両大使は更迭され、代わりに来栖三郎と天羽英二が、駐独と駐伊大使にそれぞれ任命された。阿部内閣は、外交面では英米の信頼を回復すべく努力したものの、国内経済面で無能ぶりを曝け出し、昭和一五年一月一四日、発足以来わずか四ヶ月半で崩壊する。

一月一四日、組閣の大命が、世間の予想を裏切って米内光政大将に降下した。米内内閣成立の裏には、天皇の意を体した湯浅倉平内大臣の働きがあった。

阿部内閣の末期、天皇は湯浅に対して、「次は米内にしてはどうか？」と言われた。従来の元老による首相推薦という慣行からして、天皇自身が後継首相推薦にイニシャチブを執られたことは異例であった。

ところがドイツの圧倒的勝利は日本の朝野を沸き立たせ、しばらく鳴りを潜めていた親独派を活気づけた。一方東南アジア一帯は、ドイツ軍勝利による仏蘭の同地域からの撤退によって空白状態になった。

日本の世論はドイツの勝利に目を眩ませ、「バスに乗り遅れるな！」という大合唱の下に、仏印、蘭印への南進論が台頭した。こうした声に押されて有田八郎外相は、ドイツによる日本の参戦を義務付けられない程度において、ドイツと最大限に提携しようとした。しかしながら日本の陸軍から見ると、米内内閣の日独提携案はあまりにも消極的であるように思われた。そこで陸軍側は、畑陸相を辞職させて米内内閣を倒す作戦に出た。

日独伊三国軍事同盟反対に孤軍奮闘する山本五十六

昭和一四年七月、山本五十六海軍次官は、「海軍と言う所は、誰が来てもその統制と伝統には少しも変りなく、誰が次官になろうとも、いわゆる独伊との攻守同盟の様なものに乗ることは絶対にない」と述べていた。

しかしこれは五十六の海軍に対する買い被りだった。この頃海軍内は、米内、山本、井上を除くと、中堅層の大半が親独派で占められていた。

昭和一五年八月三〇日、米内光政に代わって海相に就任した吉田善吾（三二期、佐賀）は五十六と同期であり、心を許し合った仲だった。

日独伊三国同盟に海軍が反対する根本理由は、日本がドイツに引き込まれて米国と戦うようになった場合、日本に勝算が立たないことにあった。

軍令部では、昭和一五年五月一五日から二一日にかけて、蘭印を占領した場合における「対米持久戦」に関する第一回図上演習を実施した。

その結果は、左記の如く、全く悲劇的なものであった。

①開戦当初の青軍（日本）の作戦は極めて順調に経過したが、時日の経過に伴い青軍の兵力は漸減し、損傷艦艇の修理に手一杯で、新造艦艇の増加も赤軍に比し格段の差を生じた。赤軍はその国力にものを言わせて、海上兵力の増勢が目覚ましく、青赤両軍の兵力は、開戦一年半にして一対二となる。

②作戦の様相は完全に持久戦となり、青軍の頽勢が顕著で、勝算はいかに贔屓目に見ても全

く認められない。（中沢佑刊行会『海軍中将中沢佑―海軍作戦部長、人事局長の回想』）

したがって吉田海相としては、日米戦争の可能性が増大するような日独伊三国同盟締結には絶対反対で、八月二日に開催された海相官邸での海軍省部の会議においても、欧州戦争でドイツが勝利を収めるが如き甘い期待を戒めていた。ところが日時の経過に伴って吉田海相と中堅幕僚との時局認識のズレは次第に大きくなり、吉田海相は重度のノイローゼに陥ってしまった。

昭和一四年八月、平沼内閣が総辞職する時、五十六は米内海相に対して、「吉田とは同期（三二期）です。吉田の強みも弱みも知り尽くしています。彼の弱みは、私でなければ補強出来ません。私を次官として残して下さい！」と迫ったが、右翼による五十六の暗殺を懸念する米内の容れるところとならなかった。

吉田海相下の住山徳太郎《すみやまとくたろう》海軍次官（三四期、東京）は温厚な人柄であり、米内内閣時代の五十六のような働きを期待することは、到底出来なかった。

軍令部次長の近藤信竹は親独派であり、以前は中立派だった阿部勝雄軍務局長も次第に枢軸派になった。

八月に入ると、吉田の心身は極度に衰弱した。八月のある日、大臣室を訪ねて来た近藤軍令部次長の胸ぐらをつかんで、「この日本をどうするつもりか！」と叫んだ。

八月三〇日、大臣室で書類の仕分けをしていた福地誠夫《ふくちのぶお》少佐（五三期）と杉田一三《いちぞう》少佐（五六期）は、吉田海相が、「このままでは、日本は滅亡してしまう……」と呟くのを耳にした。

九月四日、吉田海相は入院し、ついに海相を辞任した。

九月一五日夕刻、海軍首脳会議が開催された。参集者は、及川海相、豊田次官、阿部軍務局長、軍令部側からは、伏見宮総長、近藤次長の他、各軍事参議官（大角岑生、永野修身、百武源吾、加藤隆義、長谷川清）、各艦隊司令長官（山本五十六連合艦隊兼第一艦隊、古賀峯一第二艦隊）、および各鎮守府司令長官である。

上京に際して山本長官は、海軍省首脳部が対米戦争に対して勝算があると考えているのか否かを問い質すために、連合艦隊参謀の渡辺安次《やすじ》中佐（五一期）に命じて、日米兵力および戦略物資についての詳細な資料を用意させた。

ところが会議に先立って及川古志郎《こしろう》（三一期、岩手）海相は、山本に対して、「軍事参議官は先任の永野より、間に合えば大角より、三国同盟の締結に賛成の発言がある筈に付、艦隊としても同意の意味を言って貰いたい」と頼み込んできた。

会議では豊田貞次郎次官が司会をして、阿部勝雄軍令部局長が経過説明をした。

この後伏見宮軍令部総長は、「ここまで来たら仕方ないね」と理由にもならない理由を述べ、続いて大角岑生軍事参議官は賛成の旨を表明した。

こうした会議の雰囲気に抗するかのように、山本長官が立ち上がって「昨年の八月まで、私が次官を務めていた当時の企画院の物動計画によれば、その八割までが英米勢力圏の資材で賄われることになっていたが、今回三国同盟を結ぶとすれば必然的にこれを失うはずであるが、その不足を補うために、どういう物動計画の切り替えをやられたのか？　この点を明確にして、連合艦隊司令長官としての私に、安心を与えて頂きたい」と述べた。

ところが及川海相はこの山本の質問に真正面から答えようとせず、「いろいろ意見もありましょうが、先に申し上げた通りですから、この際は三国同盟に御賛成願いたい」と逃げを打った（高木惣吉『山本五十六と米内光政』）。

会議後、憤懣やる方ない山本がなおも及川を追及しようとしたところ、「止むを得ない事情もあるので勘弁してくれ」と懇願した。「やむを得ない事情」とは、伏見宮が三国同盟締結に賛成していることと指していると、五十六は受け取った。

これより二ヶ月後、五十六は同期の嶋田繁太郎支那方面艦隊司令官宛の昭和一五年一二月一〇日付書簡の中で、「日独伊三国同盟前夜の事情、その他の物動計画の事情を見るに、現政府のやり方はすべて順不同なり。今更米国の経済圧迫に驚き憤慨するなどは小学生の刹那主義にて、うかうかと行動するにも似たり」と強く批判した。

海軍首脳会議のため上京した際、五十六は近衛首相と会談する機会があったが、席上「今の海軍本省はあまりにも政治的に考え過ぎる」と述べ、「（日米戦争は）是非やれと言われれば、初めの半年や一年の間は随分暴れて御覧に入れるが、二、三年となれば全く確信は持てぬ。三国条約が出来たのは致し方ないが、かくなりし上は、日米戦争を回避するよう極力ご努力願いたい」と率直に語った。

ところで五十六は、嶋田宛の書簡の中で、近衛が海軍の突然の三国同盟賛成に関して訝（いぶか）った態度をみせたことに関して、「随分人を馬鹿にしたる如き口ぶりにて不平を言われたり。これらの言い分は、近衛公の常習にて驚くに足らず。要するに近衛公や松岡外相等を信頼して、海軍が足を土から離すことは危険千万にして、誠に陛下に対し奉り申し訳なき事なりとの感を深く致し候」と述べている。

同年一〇月一四日、西園寺公の秘書の原田熊雄と懇談した際、五十六は次のような感想を述べた。

「実に言語道断だ。しかし自分は、軍令部総長および大臣の前で、これから先どうしても海軍がやらなければならない事は、準備が絶対に必要である。自分は思う存分準備のために要求するから、それを何とかして出来るようにして貰わなければならん。自分の考えでは、アメリカと戦争するつもりでなければ駄目だ。要するにソヴィエトなどと言うものは、当てになるもんじゃない。アメリカと戦争をしているうちに、後ろから出てこないということを誰が保証するのか。結局自分は、もうこうなった以上、最善を尽くして奮闘する。そうして長門の上で討ち死にするだろう。その間に、東京辺りが三度ぐらい丸焼けにされて、非常に惨めな目に遭うだろう。そうして結果において近衛なんか気の毒だけれども、国民から八つ裂きにされる様なことになりゃせんか。実に困ったことだけれども、もうこうなった以上は止むを得ない」(『原田日記(8)』)

このように五十六は、日米戦争の様相を正確に見通していた。

ところが三国同盟に強く反対していたのは、海軍内では米内、山本、井上などの一握りの人間だけで、省部の課長級は皆三国同盟推進派だった。

近藤信竹《のぶたけ》軍令部次長(三五期、大阪)、中沢佑作戦部長(四三期)、大野竹二第一部直属甲部員(四四期、戦争指導)ら軍令部の指導的立場にいる人間たちも、ドイツの英本土上陸作戦の成功を大真面目に予想していた。

五十六が恐れていた対米戦争の危険性については、三国同盟の威嚇で米国の欧州参戦を昭和一五年一杯阻止できれば、英国の敗北により米国の参戦目的は失われると考えていた。

このように、当時海軍内には陸軍同様、「他人の褌」を当てにした機会主義者が多くいたのである。したがって米内、山本、井上らが中央を去ると、確固とした信念を持っていない及川海相は、このような雰囲気に押されて、いとも簡単に三国同盟に賛成してしまった。

木戸幸一は、昭和一五年九月一四日付日記の中で、「東条陸相より独伊との関係の件は、陸海本日一致せる旨内話あり」と記した。

九月一九日、宮中において三国同盟について、最終的に決定するための御前会議が開催された。

会議には、政府側から近衛首相、松岡外相、東条陸相、及川海相、河田（烈）蔵相、星野（直樹）企画院総裁、統帥部から閑院宮参謀総長、沢田（茂）参謀次長、伏見宮軍令部総長、近藤軍令部次長、それに枢密院の原（嘉道）議長が出席した。

会議は午後三時から午後六時までの三時間開催され、日独伊三国軍事同盟を正式に採択した。

九月二六日、宮中において三国同盟に関する枢密院委員会が開かれたが全会一致をもって可決され、同夜本会議にかけられた。

井上成美「新軍備計画論」を後継の片桐英吉中将に托す

井上成美は、昭和一五年一〇月一日付で支那方面艦隊参謀から海軍航空本部長に転出した。井上はこのポストに任ぜられたことによって、航空戦術の急速な変化を改めて認識することになった。

昭和一六年一月、軍令部の「⑤（マル五）計画」を聞くための、省部首脳会議が開催された。日本海軍では、「第三次ビンソン案」についての情報が入り始めた昭和一四年頃から、その対応策を検討し始め、昭和一六年初めになって、「第五次海軍軍備充実計画案（⑤計画）を策定した。

この「⑤計画」は、戦艦三隻、超巡洋艦二隻、空母三隻、潜水艦四五隻などを含む一五八隻、六五万トン、航空兵力は一六〇隊の増強という膨大なものであった。ところが実際には、「⑤計画」をもってしても、艦船では米国の六割、航空兵力は二割五分にしかならなかったのである。

日米間の兵力差を埋めることは、当時の日本の工業力では絶対に不可能だった。さらには、資材、人員、生産設備の面でも、陸軍の協力を得ることは出来なかった。

こうした中で「⑤計画」の予算措置を求めるための省部首脳会議が開催された。

この会議では、まず主務の軍令部第二部（軍備）長の高木武雄少将（三九期、珊瑚海海戦時、井上成美の下で機動部隊の指揮官を務め、その後第六艦隊司令長官としてサイパンで戦死、のち大将）から、「⑤計画」の説明があった。

海軍省側では、その量の膨大な事を知り、実現は容易でないと感じていた。しかしながら軍令部側の鼻息が余りにも強かったため、敢てこれに反対することはしなかった。

この会議に井上も列席していた。井上の脳裏には、ワシントン海軍軍縮会議の際、全権の加藤友三郎海相が随員の堀悌吉中佐に口述させた「国防は国力に相応する武力を整ふると同時に国力を涵養し、一方外交手段に依り戦争を避くることが、目下の国防の本義なりと信ず」と述べた言葉が焼き付いていた。

井上は、当時の軍令部の体質を次のように見ていた。「軍令部というものはね、海軍の象牙の塔ですよ。自分たちがエリートで、あとは有象無象の田舎侍だ。……軍令部は毎年作戦計画というものを出します。そうして陛下に御覧願う。結論として『現在の軍備で国防は安全でございます』と、そんな無責任な文句で結ぶのが慣例になってしまいました。私はそんなことは言わん方がいいと思う。『刻下の国防はこれでは不安があります。しかしながら日本の国から見て、これ以上軍備をする事は無理でしょう。従ってそういう強国との関係は、外交でもって諍いを起さないようにして行くのが、日本の生きる道じゃないかと思います』と、それぐらいの事を陛下に申し上げたらいいんじゃないかと思うが、軍令部は『国防は安全です』と言う。どう安全なんだと聞きたくなります。だから軍令部という所にいる連中はさっぱり進歩しない」

軍令部の説明する「⑤計画」を非常に危惧した井上は、日米不戦の立場から、「この計画は、明治大正時代の軍備計画である。……アメリカの軍備に追従して、各種の艦艇をその何割に持って行くだけの、誠に月並みな計画で、……戦を何で勝つのかいうような説明も無ければ、計画にも表れていない。……軍令部はこの案を引っ込めて、篤と御研究になったらようと思います」と厳しく批判した。このため、軍令部の面目は丸潰れになった。

戦後、井上は『毎日新聞』の海軍省担当だった新名丈夫《しんみょうたけお》に対して、この時の発言は軍令部に対する「一トン爆弾だった」と語っている。

この首脳会議があった午後、早速「⑤計画」の担当部長の高木武雄が、肩をいからせて井上の許に怒鳴り込んできた。

「航空本部長！一体どうすればいいんですか？」

「どうすればいいのかって……分からないのか？！」

「わかりません。教えて下さい！」

「それならば教えてやろう。海軍の空軍化だよ」

高木武雄の下に、軍令部第二部第三課長の柳本隆作《やなぎもとりゅうさく》（四四期。ミッドウェー海戦で空母蒼龍艦長として戦死、のち少将）大佐がおり、この柳本が軍備計画の担当課長だった。

会議の二、三日後、井上が食堂で食事をしていると、航空本部のある部員がやって来て、次のように語った。

「本部長、さっき食事の時柳本大佐が、『本部長にあんなに酷くやられては、軍令部の面目は丸潰れで、私は切腹ものだ』と言ってましたよ」

「『切腹したつもりで勉強しろ！』って航空本部長が言っていたと、柳本君に言いたまえ！」

部内からは、「井上は破壊的な議論ばかりする」という非難の声も上がった。そのように言われるのは甚だ不本意な井上は、それから一週間ばかりかけて、年来の持論である「戦艦不要論」と「海軍の空軍化」を骨子とした「新軍備計画論」と名付けた意見書を一月三〇日付で及川海相に提出した。その後井上は第四艦隊司令長官に転出する際、対英米避戦派であった後任の片桐英吉（三四期、米沢）宛に、「航空本部長申継書」（昭和一六年八月）を残した。それには次のように記されていた。

「将来の海軍軍備に関する意見は、別紙の新軍備計画論として、小官の意見、大臣、次官（豊田貞次郎）迄提出しあり。別紙拙稿に就き御覧下され度し。右は⑤計画の内案、軍令部当局より説明ありし時、小官より『何等の新味なも特徴もなき平凡な軍備にて、米国と量的に競争するの愚』を指摘したる手前、自分の意見を記述したるものにして、目標は軍令部当局の覚醒に在りしものなるも、小官の直属上官は大臣成る関係上、大臣に提出したる次第なり」

この「新軍備計画論」は、日本海軍の伝統的戦略思想である速戦即決主義と艦隊決戦主義を根底から覆すものであり、いまだに航空戦力が整っていない日本海軍としては、対米戦争などは絶対に不可と結論づけられるはずのものであった。

「新軍備計画論」の要旨は、次の通りである。

①航空機が発達した今日、これからの戦争では主力艦隊と主力艦隊の決戦などは、絶対に起こらない。したがって巨額の金がかかる戦艦などは建造する必要はない。

②陸上の航空基地は、絶対の不沈空母である。空母は運動力を有するから、使用上便利だが、極めて脆弱である。故に海軍航空の主力は基地航空兵力であるべきだ。

③対米作戦では、これらの基地争奪戦が主作戦となる。換言すれば、上陸作戦ならびに防御戦が主作戦になるから、基地の要塞化を急ぐ必要がある。

④日本が生存し、かつ戦いを続けるためには、海上交通路を確保する必要がある。これに要する兵力を充実しなければならない。

⑤潜水艦は、基地防御にも通商破壊にも攻撃にも使える艦種であるから、充実すべきである。

日本はその地理的特性とからして、現代のテクノロジーを活かした軍備を持つべきであるとする考え方は、「専守防衛」を基本方針にしている今日でも立派に通用する考え方である。

井上の後継海軍航空本部長となった片桐英吉は、真珠湾攻撃後の戦備促進会議で、「南雲部隊の航空主要幹部を配置転換し、搭乗員養成を速やかに行うべき」との意見を述べたが、採用されなかった。なお片桐は、軍事参議官を経て、昭和一八年三月予備役に編入された。

片桐英吉

山本五十六の「真珠湾奇襲作戦」

山本五十六の出身は新潟県長岡市であるが、祖母が米沢藩士の娘だったこともあって、青年士官時代から米沢海軍の人脈の中で育ってきた。ロンドン海軍軍縮条約後、「条約派」の将官が相次いで予備役に編入されていく中で、なぜ五十六が海軍内で生き残ることができたのかを考えると、彼が米沢海軍の将官たちに可愛がられていたことに気づく。

先述したように、五十六は山下源太郎大将宅では家族同然だったし、四竈孝輔からも実の弟のように可愛がられていた。五十六の結婚式は四竈が媒酌人を務めたことはすでに述べた。

昭和一六年一月二三日、連合艦隊司令長官の山本五十六は、第二艦隊司令長官の古賀峯一に対して、次の書簡を送った。五十六はこの書簡の中で、海軍人事の大転換（軍令部総長に米内光政、または吉田善吾、あるいは古賀峯一、連合艦隊司令長官として米内、あるいは古賀、嶋田繁太郎）を図り、海軍内の対米主戦論を防ぎ止めようとした。

「昨年八月か九月、三国同盟予示の後、離京帰艦の際、非常に不安を感じ、及川氏に将来の見通し如何と問ひたるに、或は独の為、火中の栗を拾ふ危険なしとせざるも、米国はなかなか起つ間敷《まじく》大丈夫と思ふとの事なりき。殿下（伏見宮軍令部総長）も亦かつて、『かくなる上は、やる処までやるも止むを得まじ』との意味の事を申されし様記憶し、之ではとても危険なりと感じ、この上は一日も早く米内氏を起用の外なしと感じ、それには先づ艦隊長官に起用の順序を捷径と考へ、其時及川氏に敢て進言せし次第なり。……小生又次官室にて、昨年一一月初頭（一〇月末か）頃、丁度今次泰仏印問題と同じ事を、石川（信吾）が次官に進言し居るを聞き、直ちに大臣にあれでよいかと注意した。どうも次官（豊田貞次郎）は策動が過ぎるから、早目に替えた方がよからんと思ふが（豪州公使はどうかねとの事也き）、同時に軍令部ももっとしっかりするの要あり。強化策として、一部長に福留繁《ふくどめしげる》（四〇期、鳥取）連合艦隊参謀長を呉れぬかとのことなりき。依て小生より、三国同盟締結以前と違い、今日に於ては参戦の危険を確実に防止するには、余程の決心を要す。一の部長交代位で、又次官更迭位では不徹底と思考す」

さらに五十六は、連合艦隊参謀長の福留繁の中央転出について相談にやって来た中原義正《よしまさ》（四一期、山口）人事局長に対して、「大臣は参戦すべからずという確固たる意見を持ち、之を実現する為、省部を固むとする意図あるや、或は現陣営にては何となく物足らぬからとの漫然たる意向に依るものなるや、此の点局長に何か伝言ありや如何」と質した。

これに対して中原は、「国際情勢に就いては、種々御心配の様なるも、如何なる程度迄堅き御決心なるや、別に伝言はなかりき」と返答すると、五十六は及川海相に対して、次のように伝言するよう依頼した。

「対米関係から今日の如くなるは、昨秋より分かり切った事なり。併し其後真剣なる軍備計画並に之が実行上物動方面と照合せば、此際海軍は踏み止るを要す。……しかし勢は早やｔｏｏｌａｔｅにして、結局行く処まで行く公算大なりと言ふ如き事なれば、連合艦隊としては最も信頼する長官参謀長は、現在の儘にて極力実力の向上を図り、一戦の覚悟を固めざるべからず」（戦史室「山本、古賀両元帥書簡、嶋田大将宛」）

五十六としては、日独伊三国軍事同盟に反対し対米避戦を主張して来たものの、もしも日米間で開戦の已む無きに至った場合には、劈頭、ハワイにある米太平洋艦隊を叩き、機をみて和平へ持って行きたいと考えるようになった。

それでは五十六は、何時頃からハワイ奇襲作戦を考えていたのだろうか。

連合艦隊参謀長の福留繁によれば、昭和一五年春の艦隊訓練において、航空戦訓練が着々と成果を収め、特に航空魚雷が目覚ましい成果を上げた際、「ハワイの航空攻撃は出来ないものだろうか」と福留に漏らしたのが、その最初だとしている。

日本本土から約三三〇〇海里の地点にあるハワイを奇襲する作戦を構想した心境について、昭和一六年一〇月二四日付の五十六から嶋田繁太郎宛書簡の中で、次のように述べている。

「敵将キンメルの性格及最近米海軍の思想を観察するに、彼必ずしも漸進正攻法のみに依るものとは思はれず。而して我南方作戦中の皇国本位の防御力を顧念すれば、真に寒心に不堪《たえず》もの有之、幸に南方作戦比較的有利に発展しつつありとも、万一敵機東京大阪を急襲し、一朝にして此両都府を焼尽せるが如き場合は、勿論左程の損害なしとするも、国論（衆愚）は果して海軍に対し何というべきかに、日露戦争を回想すれば、想半ばに過ぐるものありと存じ候」

続いて五十六は、従来の日本海軍の作戦である漸減持久作戦に対しても、次のように批判した。

「聴く処に依れば、軍令部一部等に於ては、此劈頭の航空作戦の如きは、結局一支作戦に過ぎず、且成否半々の大賭博にして、之に航空作戦の如きは以ての外なりとの意見を有する由なるも、そもそも此支那作戦四年疲労の余を受けて、米英支同時作戦に加ふるに、対露を考慮に入れ、欧独作戦の数倍の地域に亘り、持久戦を以て自立自愛十数年の久しきにも堪へむと企画する所に非常に無理ある次第にて、之をも押切り敢行、否《いな》大勢に押されて立ち上がらざるを得ずとすれば、艦隊担当者としては到底尋常一様の作戦にては見込み立たず。結局桶狭間とひよどり越と川中島とを合せて行ふの已むを得ざる羽目に追込まるる次第に御座候。……尚大局より考慮すれば、日米英衝突は避けられるものなれば之を避け、此際隠忍自戒、臥薪嘗胆すべきは勿論なるも、夫れには非常の勇気と力を要し、今日の事態迄追い込まれたる日本が、果たして左様に転機しい得べきか申すも良き事ながら、唯、残されたるは尊き聖断の一途のみと恐懼する次第に御座候」（前掲書簡）

「新高山登レ」

山本五十六は、昭和一六年一月下旬、鹿屋に司令部を置く第一一航空艦隊参謀長大西滝治郎《たきじろう》（四〇期、兵庫）少将に対して、ハワイ奇襲作戦の具体的な研究を秘かに依頼した。

連合艦隊では、九月一一日から二〇日まで、日米開戦を主題にして図上演習を実施した。この図上演習は毎年の恒例だったが、九月一六日、「ハワイ作戦特別図上演習」の特別研究会を開催することにした。

この特別図演には、連合艦隊と第一航空艦隊の各司令官、参謀長首席参謀、さらに軍令部からは、第一部長、第一課長、および同部員などが参加した。室内の入り口には歩哨が立ち、機密が外に洩れないよう細心の注意が払われた。

この時の作戦要領には、「開戦を一一月一六日と予定し、北方航路から真珠湾に接近し、米主力艦隊に対し、奇襲をもって攻撃を決行する。途中ミッドウェー攻撃隊を分離して引上げ、航路掩護《えんご》のため同島を攻撃する」と記されていた。

三〇名ほどの参加者を集めた特別図演は、青軍（日本）と赤軍（米軍）の二手に分かれて行われたが、その結果、青軍は赤軍に対して、主力艦四隻撃沈、一隻大破、空母二隻撃破、一隻大破、飛行機撃墜一八〇機、他に巡洋艦六隻を撃沈破の打撃を与えるものの、一方青軍側も、第一日にして、空母二隻撃沈、二隻小破、飛行機一二七機程度の損害を出すと予想された。

しかしこの図演で、ハワイ作戦が最終的に結論づけられた訳ではなかった。

福留軍令部第一部長がこの図演の模様を永野軍令部総長に報告したところ、永野は、「非常にきわどいやり方だね」と述べ、俄には賛成しかねる態度を示した。

連合艦隊司令部では、一〇月九日から一三日まで、室積沖在泊中の旗艦長門に各指揮官を集めて図上演習を行い、一二日、ハワイ作戦の特別図演を行った。

この研究会において山本長官は、「異論もあろうが、私が長官である限り、ハワイ奇襲作戦は必ずやる」と断言した。

ここに至って永野総長は、「山本にそれほどの自信があるならば、やらせようではないか」と述べ、空母の六隻使用の決断を下すに至った。

歴史の皮肉と言うべきか、日米戦争に終始反対し続けてきた五十六は、今まさに真珠湾奇襲攻撃の遂行者になろうとしていた。

五十六は、一〇月一一日付堀悌吉宛書簡の中で、自分の運命の皮肉さを次のように嘆いている。

「大勢は既に最悪の場合に陥りたりと認む。山梨（勝之進）さんではないが、之が天命なりとは情けなき次第なるも、今更誰が善い悪いのと言った処で始まらぬ話也。独使至尊憂社稷の現状に於いては、最後聖断のみ残され居るも、夫れにしても今後の国内は難しかるべし。個人としての意見と正確に正反対の決意を固め、其の方向に一途邁進の外なき現在の立場は、誠に変なもの也。之も命といふものか」（大分県先哲叢書『堀悌吉（１）』）

既に九月六日、御前会議において「帝国国策要領」が採択され、「一〇月下旬を目途とし戦争準備を完整す」、「一〇月上旬頃に至るも尚我要求を貫徹し得る目途なき場合に於いては、直ちに対米（英蘭）開戦を決意す」旨が決定された。

一〇月一八日、対米戦争に自信を持てない近衛内閣に代わって、東条内閣が成立した。

その東条内閣の下、既述のように一〇月二三日から一一月一日にかけて、連日のように大本営連絡会議が開催され、国策の再検討が行われた。

そして一一月一日深夜（二日午前一時半）、最後まで日米交渉は続行するものの、交渉の打開が困難であれば、「武力発動の時機を一二月初頭と定め、陸海軍は作戦準備を完整す」旨を決定した。ここに日米開戦に向けての具体的準備が進められることになった。

さて開戦第一日（X日）は、対米交渉の成り行きとの兼ね合いから決定されなければならなかった。

統帥部において、真珠湾奇襲に最も適当な日時をもってX日が検討された結果、夜半より日の出まで月のある月齢二〇日付近の月夜で、また米国太平洋艦隊が週末の休養のため真珠湾に帰港するなどの理由から、「一二月七日、日曜日（現地時間）」と決まった。

一一月五日、永野総長は、天皇より作戦計画の裁可を得、「大海令第一号」を発令した。

真珠湾奇襲作戦の任務をおびた機動部隊は、一一月二二日迄、択捉島単冠《ひとかっぷ》湾に集合し、一一月二六日、ワシントンにおいて、ハル・ノートが提示されたその日に一路真珠湾に向けて出航した。

一二月二日一七時三〇分、ついに山本連合艦隊司令長官は麾下《きか》の艦隊に対し、「新高山《にいたかやま》登レ１２０８」（X日を一二月八日トス）の命令を発した。

第5章

「米沢海軍」の悲劇―南雲忠一の太平洋戦争

南雲忠一、第一航空艦隊司令長官に就任

太平洋戦争劈頭の真珠湾奇襲作戦を指揮した第一航空艦隊司令長官南雲忠一海軍中将（戦死後大将）は、明治二〇（一八八七）年三月二五日、山形県米沢市信夫町五六三三番地において、南雲周蔵の二男として生まれた。六人兄弟姉の末子であり、母は志んといった。

南雲家は上杉藩の下級武士で、一石二人扶持を食んでいた。もともと南雲家は上杉謙信が春日山城に居た時から続いている家柄である。忠一の父・周蔵は、上長井村（現米沢市遠山地区）の村長をしていたが、経済的には恵まれず、大正一四年に没した。

忠一が入学した興譲館は、上杉藩一〇代藩主で名君の誉れの高い鷹山・上杉治憲《はるのり》の師である細井平洲が、安永五（一七七六）年に創設した藩校である。藩士に儒学を教授する所だったが、寛政五（一七九三）年には好正堂という医学館も併設し、医学生の養成にも力を入れた。

明治維新の際、藩校は廃止の予定であったが、明治四年に洋学舎を創設して英語教授を始め、

明治七年私立米沢中学校として存続し、二八年、興譲館となって今日に至っている。

忠一が入学した明治三三年は、県立となって「米沢中学校」と改称した時であった。忠一はこの学校の第一三回卒業生に当たる。八六人の同窓生のうち職業軍人になった者が一六人もいた。

明治三八年、忠一は海軍兵学校（三六期）に入学した。三号、二号生徒で、それぞれ学術優等賞を授与され、四一年に一九一人中五番の好成績で卒業し、海軍少尉候補生となり巡洋艦宗谷の乗組となった。

大正七年一二月一日、忠一は海軍大学校甲種学生一八期生となり、九年に海大一八期を次席で卒業し、同年一二月一日、海軍少佐に昇進した。大正九年一二月駆逐艦樅艦長、一〇年一一月第一水雷戦隊参謀、一一年一二月軍令部第一班第一課員、そして一二年一一月海軍大学校教官に就任した。一四年欧米各国出張の後、昭和二年一一月再び海軍大学校教官、四年一一月海軍大佐に昇進し、軽巡洋艦那珂艦長に補された。

昭和五年一二月、第十一駆逐隊司令に補任された後、六年一〇月軍令部第二課長に就任した。七年一一月海軍省軍務局第一課長に就任した井上成美大佐との間で、「省部互渉規定の改定」をめぐって厳しい交渉を行った。

その後、昭和九年一一月重巡洋艦山城艦長となり、一〇年一一月海軍少将に昇進し、第一水雷戦隊司令官になった。一一年一二月第八艦隊司令官、一三年第三戦隊司令官となり、一四年

南雲忠一

一一月海軍中将に昇進した。そして昭和一五年海軍大学校長を経て、一六年四月第一航空艦隊司令長官に就任した。

当時、連合艦隊麾下の各艦隊長官の人事は、海軍大臣と連合艦隊司令長官の二人によって決められることになっていた。第一航空艦隊司令長官の候補には、二人の名前が挙がっていた。一人は南雲忠一であり、もう一人は小沢治三郎（宮崎）である。小沢は海兵三七期で南雲より一期後輩であるが、その優秀さと猛将ぶりは、部内でも定評があった。

海軍大臣の吉田善吾と連合艦隊司令長官の山本五十六は、南雲と小沢の海兵年次や性格を比較検討した結果、南雲を初代の第一航空艦隊司令長官にすることにした。南雲は海軍でいうところの「水雷屋」である。駆逐艦を駆って巨艦のどてっぱらに魚雷を叩き込む水雷戦術の専門家であったが、航空の方は素人だった。

昭和一六年四月一〇日、海軍大学校長から第一航空艦隊司令長官に親補された南雲は、翌一一日、直ちに旗艦赤城に乗艦した。第一航空艦隊の参謀長は、南雲より五期後輩の草鹿《くさか》龍之介少将（四一期、石川）であった。草鹿は生え抜きの航空専門家である。

草鹿は、第一航空艦隊参謀長として着任して間もないある日、軍令部第一部長の福留繁（四〇期、鳥取）少将を訪ねた。福留は草鹿より一期上だったが、海大では同期で、「俺」「貴様」と呼び合う極めて親しい間柄だった。福留は一冊の綴り本を取り出すと草鹿の前に投げ出すように置いて、「おい、ちょっと、それを読んでみろよ」と言った。表紙には、「真珠湾攻撃計画」と書かれていた。それは真珠湾に関する「米軍状況綴」だった。草鹿が「これは相当精密な敵情調査であるが、作戦計画ではないから、これで作戦は出来ないね」と感想を述べると、福留は、「それを貴様の手で具体化して欲しいのだ」と言った。

　元来軍令部では、毎年各年度の作戦計画を策定して允裁を仰いでいたが、これによれば、対米作戦については、まずフィリピンを攻略し、同時にグアム島を奪って南洋諸島の防備を固め、これを拠点に防衛捜査網を構成して、米渡洋作戦の主力を本土近海深く誘い込んで、一気に勝敗をつけるというものだった。米英の二国を相手にするならば、香港とマレーの攻略も必要で、これには当然オランダも加わるため、一段と苦しい戦いになることが予想された。したがって草鹿にとって開戦劈頭の真珠湾攻撃などは、思いもよらないことであったのである。

　これまで南雲と草鹿が練っていた日本海軍の対米作戦は、米太平洋艦隊を漸減する戦術である。その基本は「先制集中」で、時と場所を包括して、これはという一点に全力を集中するというものである。この一点をどこに求めるかということが、用兵者にとって非常に重要なことだった。日本は国土が狭い上に、石油などの戦略物資を全て海外に仰がなければならないことから、何としても先制集中と速戦即決を図らなければならなかった。

　日本からハワイまで直線距離にして三三〇〇マイルあるが、潜水艦を隠密裡に派遣して攻撃するならまだしも、空母六、戦艦二、巡洋艦三、駆逐艦九、潜水艦三、輸送船八隻からなる大部隊を使って一挙に決行しようとすれば、それが困難なことは容易に想像出来る

　草鹿は南雲の了解を取った上で、「真珠湾攻撃計画」の立案者である大西滝治郎少将に会って数回に亙って協議した。その結果、大西も草鹿の意見に同調するようになった。そこで草鹿は南雲に、大西は基地航空部隊である第十一航空艦隊司令長官の塚原二四三《にしぞう》（三六期、山梨）中将に事情を伝えて同意を得た上で、連れだって連合艦隊旗艦長門に山本長官を訪れた。

山本は黙って二人の意見に耳を傾けた。聞き終わると五十六は、「いかに僕がブリッジや将棋が好きだからと言ったって、そう投機的、投機的と言うなよ」と軽く応じた上で、「諸君の説くところは一理ある」と言ったきり口をつぐんでしまった。それを見て草鹿と大西は、既に長官が不動の決意を固めていると直感した。草鹿たちが旗艦を辞そうとすると、山本は異例にも舷門まで送って来て、背後から草鹿の肩を叩き、「草鹿君、君の言う事はよくわかった。しかし真珠湾攻撃は今日、最高指揮官たる私の信念である。今後はどうか私の信念を実現する事に全力を尽くしてくれ。それからこの計画は全部君に一任するから、南雲長官にもその旨伝えてくれ」と、誠実さを面に顕わして言った（草鹿龍之介『連合艦隊の栄光と終焉』一一九頁）。戻ってきた草鹿から山本長官の決意を聞いた南雲は大いに感動するとともに、大任を与えてくれた山本の信任に全身全霊で応えようと思った。早速南雲は旗艦長門に山本を訪ねて、ただ一言、「お引き受けいたしました！」と言った。

南雲は帰艦すると、すぐに草鹿参謀長、大石保（四八期、高知）首席参謀、源田実（五二期、広島）作戦参謀らを招いて、攻撃計画の実施研究を急がせ、麾下の将兵や飛行機搭乗員たちに奇襲訓練を命じた。

真珠湾攻撃図上演習

昭和一六年九月一〇日、恒例の図上演習が、目黒の海軍大学校において軍令部総長の統裁下で行われた。これは毎年一回、全艦隊、全鎮守府、全要港部の司令官がその幕僚を率いて参会し、全海軍の兵術思想の統一と新年度作戦計画に基づく担任作戦の研究を行うためのものであった。

九月一三日、軍令部総長統裁の図演が終わった後、連合艦隊から提案された「特別研究会」が開かれた。参会者は、宇垣纏《まとめ》（四〇期、岡山）連合艦隊参謀長以下の幕僚たちだった。第一航空艦隊からは南雲長官以下の幕僚たち、さらに軍令部側からは福留作戦部長以下の作戦課員が、オブザーバーとして参加した。

特別研究会の主題は、ハワイ作戦に関する基礎的・技術的な検討である。ハワイ作戦は、まだ正式に取り上げられる状況にはなかったため、軍令部総長と連合艦隊司令長官は出席しなかった。

図演の結果は、ハワイを空襲した機動部隊は真珠湾の米艦隊主力の三分の二を撃破するものの、敵機の反撃によって日本側も空母を二、三隻失うというものであった。

機動部隊の中心兵力は航空母艦である。航空攻撃の機動性と防空のためには、周辺に戦艦、巡洋艦、駆逐艦などの各種兵力を配置しなければならない。つまり第一航空艦隊の編成がこれに当たる。

ハワイ攻撃の作戦の特殊性からして、次の三点が特に留意されるべきであるとされた。

①第一撃で、圧倒的に敵に打撃を与えること。
②ハワイまでの航続距離。
③南方作戦を同時に行うための兵力の兼合い。

軍令部と連合艦隊では、数次に亙って航空充実のための協議をした結果、特急工事で新造された瑞鶴《ずいかく》と翔鶴《しょうかく》をもって第五航空戦隊を結成し、これを第四航空戦隊の代りに加えることにした。こうすることによってハワイ攻撃に使用する空母数は六隻となり、その搭載数は以下のようになった。

〔機種〕	〔常用機〕	〔補用機〕
戦闘機	一〇八機	一八機
爆撃機	一二六機	一八機
攻撃機	一四四機	一八機
計	三七八機	五四機

その護衛兵力（支援隊）は、以下の通りである。

第三戦隊　比叡、霧島（巡戦改造戦艦、砲力、速力大）。

第八戦隊　利根、筑波（中巡、高速、航続力、防衛砲火大、水偵各四）。

警戒航行やその他飛行機発着艦時の警戒隊として、第一水雷戦隊　阿武隈、駆逐艦九隻。また航行のはるか前方を警戒するために、哨戒隊と名付けて、第二潜水隊　イ号潜水艦三隻を当てることにした。この他ミッドウェー破壊隊として、第七駆逐隊駆逐艦二隻がいた。さらに補給隊として、第一補給隊の給油船五隻と、第二補給隊の給油船三隻が連なった。

攻撃用の爆弾や魚雷については、一撃必殺を主眼とするため、従来の五〇〇キロ爆弾では不十分なことが認められたため、戦艦の四〇センチ砲弾を改造して八〇〇キロ徹甲弾を急造して、これを三〇〇〇メートル以上の上空から爆撃することにした。そうすることによって、米戦艦の防御甲板を貫通して砲火薬庫や機械室、無電など、敵の心臓部を粉砕し撃沈することが出来ると考えた。

魚雷は、真珠湾が浅海であることから、研究の結果、九一式魚雷改二型を考案し、これに航空本部の愛甲部員が考案した空中・海中両用の安定器を付けて、発射高度を二〇メートル前後とすることによって、沈度を一二メートル以内にすることに成功した。

既に九月六日、御前会議において、「帝国国策遂行要領」が採択され、「一〇月下旬を目途として戦争準備を完整す。……一〇月上旬頃に至るも尚我要求を貫徹し得る目途なき場合に於いては、直ちに対米（英蘭）開戦を決意す」ことが決定されていた。

一〇月一八日、近衛内閣に代わって東条内閣が成立した。その東条内閣のもとで、一〇月二三日から一一月二日にかけて連日のように大本営政府連絡会議が開催され、国策の再検討が行われた。

一一月一日深夜（二日午前一時半）、最後まで日米交渉を続行するものの、交渉打開が困難であれば、「武力活動の時機を一二月初頭と定め、陸海軍は作戦準備を完整す」ことを決定し、ここに日米開戦への具体的準備が進められることになった。

さて開戦第一日（X日）の決定は、対米交渉の成り行きから行なわれなければならず、作戦担当者にとっては非常に難しい問題だった。

統帥部において、真珠湾奇襲に最も適した日時を基準にX日が詮衡された結果、夜半より日の出まで月のある月齢二〇日付近の月夜で、さらに米太平洋艦隊が終末休養のため、真珠湾に帰って来るなどの理由から、「一二月八日、日曜日」となった。一一月五日、永野軍令部総長は天皇より作戦計画の裁可を得て、「大海令第一号」および「大海指第一号」を発令した。

真珠湾奇襲の任務を帯びた機動部隊は、一一月二二日まで、択捉島単冠湾に集合した。

一一月二二日、山口県徳山において、最後の陸海軍首脳陣による打ち合わせが行われた。この会議の後、山本長官は海軍の指揮官全員を別室に集めて、「もし対米交渉が成立したならば、一二月七日午前一時まで、本職より出動部隊に引き上げを命令する。命令を受領したならば、即時撤退帰来せよ」と訓示した。

これに対して数人の指揮官より、「我等は既に敵中に飛び込んでいる。実際上これは不可能である」との意見が出されたが、五十六は、「百年の兵を養うは国家を守護せんためである。この命令を受けて帰還不可能と信ずる指揮官は、ただ今より出勤を禁ずる。即刻辞表を提出せよ！」と厳命した。

戦術的勝利、戦略的失敗の真珠湾奇襲作戦

「国雖大好戦必亡　天下雖安忘戦必危」（国大なりと雖も、戦を好めば必ず亡び、天下安しと雖も、戦を忘るれば必ず危し）。これは五十六が好んで揮毫した司馬遷の一節である。

ハワイ作戦の目的は、開戦劈頭米艦隊の主力を撃破して、南方作戦を実施する時間を稼ぐことにあった。

一一月二六日、南雲忠一率いる機動部隊は択捉島単冠湾を密かに出港し、一二月一日には航程の半分に達し、日付変更線を通過した。

一二月二日夜八時、「新高山登レ、１２０８」、すなわち「Ｘ日を一二月八日とする」との隠

語電報が発せられた。

一二月七日午前五時三〇分（ハワイ時間、日本時間では八日）、直前偵察のために、利根と筑摩から、それぞれ一機の零式艦上偵察機が射出された。午前六時（ハワイ時間）、機動部隊はオアフ島北方一九〇海里に達し、第一次攻撃隊一八三機が出撃した。七時三〇分、筑摩機から「敵艦隊ハ真珠湾ニ在リ」の第一報が入った。七時四九分、淵田美津雄《ふちだみつお》中佐（五二期、奈良）が全軍に突撃を下令する「ト連送」を打電し、七時五二分、「我奇襲ニ成功セリ」の略語である「トラ連送」を発信した。

七時五五分、フォードとヒッカム両飛行場に向かった急降下爆撃機は、攻撃の第一弾を投じた。ホイラー飛行場にも二五〇キロ爆弾を抱えた艦爆隊が殺到し、壊滅的な打撃を与えた。

一方日本の雷撃隊は、フォード島に沿って碇泊している戦艦群に目標を定めて、戦艦列の外側の艦に甚大な被害を与えた。水平爆撃隊は、高度三〇〇〇メートルから八〇〇キロ爆弾を投下した。この攻撃によって、米戦艦アリゾナの前部爆弾庫が爆発し沈没した。また制空隊は、奇襲の成功を確認すると、飛行場を銃撃した。

日本の第一次攻撃隊の未帰還機は、雷撃隊五、急降下爆撃隊一、制空隊三の、わずか九機に過ぎなかった。

八時五五分、第二次攻撃隊は「全軍突撃」を開始し、濛々と立ち込める黒煙と対空射撃の弾幕をかいくぐって、湾内の艦船目がけて急降下爆撃した。第二次攻撃隊の未帰還機は、急降下爆撃機一四、制空隊六の計二〇機であった。

日本の戦果は、戦艦撃沈四、大破一、中破三、巡洋艦以下の撃破一二、航空機爆破二三一機、

死傷者三七一四名に上った。これによって、米太平洋艦隊は戦艦八隻の全てを失い壊滅した。

これに対して日本側の損害は、航空機のみで、第一次攻撃において九機、第二次で二〇機の計二九機を失っただけであった。

先遣部隊の潜水艦イ一六、イ一八、イ二二、イ二四は、機動部隊の攻撃に先立って、ハワイ水域で隠密裏に作戦配備についた。さらに各潜水艦に一隻搭載されていた特殊潜航艇は、機動部隊の攻撃開始後湾内に潜入して攻撃するように命令されていた。しかしこのうち四隻は、暗礁に行く手を阻まれたり、米駆逐艦による攻撃に遭ったりしたため港外で挫折した。一隻だけが港内に潜入したものの、攻撃の成功を確認することは出来なかった。

一二月八日の真珠湾奇襲作戦の開始を、五十六は旗艦長門の作戦室で迎えていた。

朝食が終わり、一同が離席しようとすると、五十六が「藤井君ちょっと……」と言って、連合艦隊渉外参謀藤井茂（四九期、山口）を手招きした。

藤井が長官室に入ると、五十六は、「君はよくわかっていると思うが、最後通牒を手渡す時機と攻撃実施時刻の差を、中央では三〇分詰めたとのことだが、外務省の方の手筈は大丈夫だろうね。今までの電報では攻撃部隊は間違いなくやっていると思うが……。しかしどこで手違いがあろうとも、この攻撃が騙し討ちになったとあっては、日本軍の名誉にかかわる大問題だ。陛下に対し奉っても、国民に対しても申し訳ない。法に適い筋さえ通っておれば、それは立派な奇襲である。四周の情勢を察せず油断しているのは、その者の落ち度であろう。急ぐことはないが、気に止めて調査しておいてくれたまえ」と言った（反町栄一『人間山本五十六』）。

五十六は、五隻の特殊潜航艇の乗員一〇名の勇士の生命を奪ったことに、心を痛めていた。

ところが開戦に当たって、五十六が最も危惧していたことが現実のものとなった。五十六は、真珠湾攻撃直後から、米国のラジオが盛んに、「トレチャラス・アタック（騙し討ち）」という言葉を使って日本を非難していることを知った。

日本が「騙し討ち」したとなれば、五十六が期待するような早期和平は難しくなる。したがって開戦通告問題は、五十六の早期和平論の上からも重大問題だったのである。

実際、真珠湾奇襲作戦によって惹起した「騙し討ちをするな！」と「真珠湾を忘れるな！」の声は、米国内に満ち満ち、米国世論は対日戦争に向って一つにまとまることになった。このため五十六の真珠湾奇襲の第一の目的である米国民の対日戦に対する意思の沮喪は、この瞬間に霧消してしまった。

山本五十六が主導した真珠湾奇襲作戦で特筆されるべきことは、これまでの日本海軍の用兵を完全に覆しているところにあった。

五十六の強いリーダーシップの下、空母六隻の集中使用によって、真珠湾奇襲作戦は成功裏に終わった。しかしだからと言って、その後の日本海軍の作戦と用兵、それに基づく人事などが五十六の考え通りに行われたかと言えば、そうではなかった。

真珠湾奇襲作戦の成功後も、日本海軍の作戦には、軍令部主導による艦隊決戦主義や迎撃作戦が根強く存在した。このため軍令部と五十六の率いる連合艦隊の間で、作戦や戦略面で、意見の齟齬や衝突がたびたび起こった。

日本海軍の人事の基本は、海兵の卒業年度と成績、いわゆるハンモック・ナンバーによって成り立っている。米国海軍のように、機動作戦に長けた指揮官が、年次を超えて抜擢されるということはなかった。

太平洋戦争時に連合艦隊の参謀だった千早正隆氏は、「連合艦隊・その八〇年を想う」（『歴史と人物〔1〕』一九九三年一月）の中で、日本海軍の戦略思想の誤謬について、仮想敵国の概念が曖昧だったこと、大艦巨砲主義にとらわれて艦隊決戦主義から脱却できなかったことを指摘している。

運命のミッドウェー海戦—南雲忠一の無念

ミッドウェー島は、その名が示すように北太平洋上のほぼ中央にあり、日本からは日付変更線を越えてすぐの所にある。二つの小島からなる同島はサンゴ礁に囲まれ、イースタン島には飛行場、サンド島には飛行艇基地があった。日本本土の南方洋上には、敵の飛行機や艦隊の接近を警戒する哨戒基地となる島が幾つかあったが、東方洋上にはこうした島は一つも無かった。昭和一七年四月一八日の米陸軍機Ｂ25によるドーリットル空襲を許した原因には、こうした地理上の弱点があった。

日本軍がミッドウェー島を占領しようとした目的には、イースタン島とサンド島を哨戒基地として利用することがあった。計画された上陸予定日は、昭和一七年六月七日（日本時間）である。上陸時間は、当時の作戦の常道として早朝とされた。

五月五日、軍令部総長永野修身大将は、連合艦隊司令長官山本五十六大将に対して、「陸軍ト協力シ、ＡＦ及ビＡＯ西部要地ヲ攻略スベシ」と命じた。ＡＦとはミッドウェーのことであり、ＡＯとはアリューシャン列島を指す地名の略称である。なおミッドウェー作戦の発令はドーリットル空襲後だったが、その前に既にこの攻略計画は裁可されていた。

ミッドウェー作戦は、真珠湾攻撃と同様に、専ら山本五十六の発想に基づくものであった。山本は、戦局を決定するものは米艦隊およびその機動部隊の壊滅にあると考えていた。また米豪遮断が日本の勝利にとっては必要と考えていたが、短期決戦で雌雄の決着をつけるためには、日本とハワイの中間にあるミッドウェー島の占領が不可欠であり、しかも空母勢力では日本が有利と判断していた。

開戦時米太平洋艦隊には、サラトガ、レキシントン、エンタープライズの三空母があり、後に大西洋からヨークタウンとホーネットが増勢された。米海軍は、開戦時には七隻の正規空母を持っていたが、そのうち大西洋艦隊に残されたのはレンジャーだけであり、残る一隻のワスプは昭和一七年六月、ミッドウェー海戦後に太平洋艦隊の所属となった。ミッドウェー海戦時点でレキシントンは既に撃沈されており、ヨークタウンは中破、サラトガは昭和一七年一月に日本の潜水艦の雷撃を受けて修理中だった。このため空母数では日本側が断然優勢だった。

日本側の基幹は、第一航空艦隊司令長官南雲忠一中将が率いる赤城、加賀、蒼龍、飛龍の空母四隻であり、その搭載機は、艦爆八四機、艦攻九三機、艦戦八四機の計二六一機であった。この他にミッドウェー島占領後に同島に展開する予定の基地航空隊の先発戦闘機三六機を各母艦に分散していた。これに戦艦榛名、霧島、重巡利根、筑摩、軽巡長良以下駆逐艦一二隻、大型タンカー八隻も加わった。

ミッドウェー島攻略部隊の基幹は、近藤信竹中将麾下の戦艦二隻（金剛、比叡）、重巡八隻

（愛宕、鳥海、妙高、羽黒、熊野、鈴谷、最上、三隈）、軽巡二隻（由良、神通）、駆逐艦一七隻、空母瑞鳳、水上機母艦千歳、神川丸であり、これに上陸部隊として、陸軍の一木《いちき》支隊の約三〇〇〇名、および第二連合特別陸戦隊約二八〇〇名を乗せた輸送船一二隻が随伴した。五月下旬、各部隊は瀬戸内海方面からそれぞれ出動した。輸送船を伴う攻略部隊は一旦サイパンに集結した後、態勢を整えてミッドウェーへ向った。

一方米海軍は、真珠湾攻撃で戦艦を失ったため、空母を中心とする機動部隊に突発的に変化していた。これに対して日本の方は漸進的なものに留まった。

山本五十六の率いる連合艦隊司令部のミッドウェー作戦は、次のようなものであった。まず前方に張った潜水艦の散開線によって米空母の動向を探り、次に機動部隊の空母機により敵艦隊を撃沈し、最後に後方から戦艦群が駆けつけて、巨砲によって敵艦隊を徹底的に撃滅するというものであった。

一四隻のイ号潜水艦がミッドウェー方面で散開線の配備に就いた。これによってハワイとミッドウェーの間に甲、乙の二線が展開されることになった。ところが艦隊司令部の方の戦務が滞っていたため潜水艦が散開線に就くのが遅れ、米空母を待ち伏せにすることが出来なかった。

五月二九日、山本長官は、大和に座乗して柱島を出撃した。山本も南雲も、それまでの日本海軍の情報評価から、米空母がミッドウェーに出てくることはほとんどなく、出てくるにしても占領作戦がかなり進展してからと考えていた。

珊瑚海海戦の日本側の評価では、米空母一隻撃沈、一隻大破で、大破艦は少なくても三ヶ月の大修理が必要と考えていた。ところが実際には、レキシントンは確かに沈没したものの、ヨークタウンは中破に留まっており、ハワイで三日間応急修理をして、五月三一日に日本側を待ち伏せするために出撃した。

五月一五日、ツラギ泊地の日本海軍の飛行艇によって、米正規空母二隻が東方四五〇浬で発見された。日本海軍は、この二隻は珊瑚海海戦の被害に応じて来援したものと考え、その進路などからオーストラリアかサモア諸島に後退したものだと考えていた。ところが実際には、これがエンタープライズとホーネットであった。

両空母は、ドーリットル空襲を終えてハワイに帰港したのち珊瑚海へ来援したが、太平洋艦隊司令長官のニミッツは、日本の作戦計画を知ると、五月一八日入港の上、二九日ミッドウェーでの待ち伏せのために出撃させた。

六月五日未明、予定計画通りミッドウェー島北西二五〇浬に近づいた日本の機動部隊は、第一次攻撃隊として一〇八機の艦載機をもって陸上基地の空襲に向かった。

一方、日本艦隊の来攻を待ち受けていた米陸海軍航空隊は、全力で日本の空母に対して集中攻撃を加えた。このため烈しい戦闘が展開されることになった。

日本の艦載機、特にゼロ戦機の技量は卓越しており、来襲した米軍機を次々に撃ち落とした。ミッドウェー基地隊の米軍機は、日本の攻撃機の接近通報を受けて、既に避退していた。このため友永丈市飛行隊長は、戦果不十分と判断して、午前四時、「第二次攻撃隊ノ要アリト認ム」と赤城に打電した。

当時の正規空母は、日米双方とも六〇から七〇機を搭載していた。その飛行甲板は現在のようにアングル・デッキ（斜めに張り出した着艦用の飛行甲板）が無かったため、発艦と着艦とを同時に行うことが出来なかった。

南雲は、米空母は付近にいるはずはないと考えており、また索敵機からの発見報告も無かったため、空母四隻の第二次攻撃隊の兵装を陸上攻撃のための陸用爆弾に替えるように命じた。兵装転換は飛行甲板ではなく格納庫内で行われた。ところが索敵中の利根四号機より、四時一五分、続いて四時二八分に相次いで「敵ラシキモノ一〇隻発見！」の報告があり、さらに五時三〇分には「空母ラシキモノ」の存在を報らせてきた。五時四五分、南雲は、第二次攻撃隊をミッドウェー島ではなく敵艦隊攻撃へ向かわせる決意をし、兵装転換中の攻撃機に対して、「艦上攻撃機ハ兵装元へ（雷装）」と命じた。

飛龍艦上の山口多聞《たもん》（四〇期、鳥取、少将、戦死後中将）第二航空艦隊司令長官は南雲に対して、「現装備ノママ、攻撃隊直ニ発進セシムルヲ正当ト認ム」と厳しい調子の発光信号を送ったが、南雲はこれを無視した。そうこうしているうちに、ミッドウェーから第一次攻撃隊が帰投し始めた。その収容は五時四〇分から六時一八分まで続いた。

ようやく第二次攻撃隊の発艦準備が整った直後の七時二三分、エンタープライズから発進した急降下爆撃機二七機が赤城を襲った。このため甲板に並んだ九七式艦攻は次々に爆発し大炎上した。加賀には四発、蒼龍にも三発の命中弾があり、これが発進中の攻撃機の魚雷や爆弾に誘引して落伍した。このため南雲の機動部隊司令部は、軽巡長良に移乗して、作戦指揮を執らざるを得なくなった。

唯一残された飛龍に座乗していた山口少将は、直ちに艦長の加来止男《かくとめお》（四二期）大佐とともに、戦闘機一二機、艦上爆撃機一八機、艦上攻撃機一〇機に対して、米空母への攻撃を命じた。

日本の攻撃隊は、ヨークタウンに爆弾三発、魚雷二本を命中させた。しかし米急降下爆撃機二四機が飛龍に襲いかかって来た。飛龍は爆弾四発を浴び戦闘不能に陥り、やがて山口と加来の二人の指揮官とともに海中に姿を消した。

この時山本は旗艦大和に座乗し、戦艦を中心とする主力部隊を率いて、機動部隊のはるか後方にいた。山本は機動部隊壊滅という事態に直面して、直ちに応戦を決意し、一六時一五分全軍にその意図を明らかにした。しかしやがてこれが無理なことに気付き、二三時五五分ミッドウェー作戦の中止を下令した。

日本側の不運はまだ続いた。ミッドウェー砲撃のため進撃した重巡熊野、鈴谷、三隈、最上は砲撃中止となって反転した後、六月五日深夜、三隈と最上が衝突し、退避中に米艦載機の波状攻撃を受けた。このため七日、三隈は沈没した。

「終わったな、草鹿君……」

南雲は司令室に入ると、薄暗い灯りの下で手帳に何事か認《したた》め始めた。遺書の用意と直感した草鹿は、転がるように中へ飛び込んだ。

「長官、早まらないで下さい！　アメリカとの戦いはまだ終わっていません。私は今から旗艦大和に行って、山本長官にお願いしてみます。今一度だけ、この仇討ちをやらせていただくようお願いしてみます！」

「しかし参謀長、飛龍までやられ、ここで作戦中止では機動部隊は全滅だ。この失敗の責任は全てわしにある」と言うや、短剣の鞘を払った。二人はしばらく争ったが、草鹿の必死の力が勝り、短剣を奪い取った。

「草鹿君、逝かせてくれ！ 武士の情けだ」

「駄目です！ 長官、あなたらしくもないですぞ。仇を討ちましょう。二人で力を合わせて、もう一度アメリカ機動部隊と戦いましょう！」

長良は洋上で大和と会合した。足に大やけどを負った草鹿は、もっこで吊り下げられて大和に至り、山本に「何とぞ、仇討ちのため、現職のまま作戦に参加させて頂きたい」と懇願した。山本がそれを了承したのは六月一〇日午前九時のことであった。長良に帰った草鹿はこのことを南雲に報告した。

「俺が戦い、そして敗けたのだ。俺は責任を取らなければならない」

南雲は上杉武士の末裔らしく、そのように考えた。

ミッドウェー海戦は、日本海軍に大打撃を与えた。一挙に四隻の空母を失った連合艦隊は、七月一四日に一大編制替えを行った。空母群が相手空母群との戦闘に敗れれば、例え大和や武蔵のような戦艦でも何の役にも立たないことが明らかになった（草鹿龍之介『連合艦隊の栄光と終焉』二一九〜二二三頁）。

日本海軍は真珠湾とマレー沖海戦に勝利したため、兵術の転換が容易に出来なかったが、ミッドウェー海戦の敗北によって、否応なく空母第一主義に切り替えざるを得なくなった。

南雲と草鹿は、悄然として大和に座乗している山本の許に報告のためやって来た。南雲は泣いて非を詫びた。長官室で昼食の接待を受けていた時も、最後まで頭を垂れたままだった。

昭和一七年六月一〇日付で、山本は南雲に次の書簡を出した。

「今次の戦果に関しては同憂の次第なるも、貴隊既往赫々たる戦績に比すれば、なお失うところ大なりとはせず。幸に貴長官再起復讐の決意烈々たるを拝聞し、君国のため真に感激に堪えず。願わくは最善を尽くして速やかに貴艦隊の再編成を完了し、過去の神技に加ふるに、今次の教訓を加へ、一挙敵を覆滅するの大策に邁進されんことを」（千早正隆『日本海軍の驕り症候群』三八四頁）

ガダルカナル争奪戦と第一次ソロモン海戦

開戦以来、戦闘の勝敗は、航空部隊の優劣によって左右された。その航空部隊の進展は、母艦の機動性と基地の占領と整備状況によった。日本海軍は空母不足を補うために、ソロモン諸島方面に前進航空基地を建設することを企図した。

日本は、昭和一七年一月下旬ラバウル、三月ラエ、サラモアを攻略して、ビスマルク諸島からニューギニアに連なる一線を固めた。

三月下旬、ブカとショートランドに進攻し、五月にはさらに三〇〇浬躍進してツラギ島に上陸して、その南にあるガダルカナル島（以下「ガ島」）のルンガ地区に陸上飛行場を建設することにした。七月六日から海軍設営隊によって飛行場の工事が始まり、八月五日には、長さ八〇〇メートル、幅六〇メートルの滑走路を含む第一期工事が完了した。

日本軍によるガ島の飛行場建設は、連合軍に衝撃を与えた。なぜならば米豪を結ぶ交通路が遮断されれば、連合軍の反攻が挫折するからである。このため連合軍は、可能な限りの兵力を動員して、ガ島奪取を企図した。

八月六日夜、ガ島では滑走路の完成を祝う宴が開かれていたまさにその時、フレッチャー中将の率いる空母三隻を基幹とする米機動部隊がガ島に近づいた。八月七日午前六時一四分（現地時間）、ヴェンデグリフト海兵少将指揮下の一万七〇〇〇名の海兵隊によって上陸作戦が行われた。日本側は、非戦闘用の設営隊員は二五七一名いるものの、ガ島守備隊は陸海合わせても僅か二四七名しかいなかった。

飛行場完成直後の八月七日、連合軍はガ島に殺到して、ほとんど無抵抗の状態で上陸することに成功。その日のうちに飛行場を占領して、さらにフロリダ島の水上基地も奪取した。ツラギから緊急電を受けたラバウルの第八艦隊司令部では、「この報告は敵兵力を過大視したものであり、強行偵察に過ぎない」と軽く考えていた。

一方山本連合艦隊司令長官は、直ちに近藤信竹中将麾下の第二艦隊と南雲が率いる第三艦隊に対してラバウルへの進出を命じ、さらにテニアン島の第十一航空司令部にも同様の命令を出した。

ここに太平洋戦争の天王山もいうべき、ソロモン諸島争奪戦が展開されることになった。この争奪戦は、戦略的には生産と補給と情報の戦いであり、戦術的には制空権の争奪戦であった。

昭和一七年八月八日の第一次ソロモン海戦から昭和一八年一二月三日のブーゲンビル島沖の第六次航空戦まで、ソロモン海域で戦われた主な海空戦は一七回に及んだが、そのうちの主な海戦は次の通りである。

（日時）　　（日本側呼称）　　（米国側呼称）

昭和一七年八月八日　第一次ソロモン海戦　サボ島海戦
八月二四日　第二次ソロモン海戦　東部ソロモン海戦
一〇月一二日　サボ島沖海戦　エスペランス岬沖海戦
一〇月二六日　南太平洋海戦　サンタクルーズ諸島海戦
一一月一五日　第三次ソロモン海戦　ガダルカナル海戦
一一月三〇日　ルンガ沖海戦　タサファロング海戦

第二次ソロモン海戦―関衛少佐の奮戦と南雲忠一の佐世保鎮守府長官への転出

昭和一七年八月八日の第一次ソロモン海戦における圧倒的勝利によって、連合艦隊司令部内には楽観論が台頭してきた。このためガダルカナル島の米軍を追い払うための準備が、トラック島で進められることになった。

その兵力は、歩兵第二十八連隊長一木清直《いちききよなお》大佐の指揮する一木支隊二四〇〇名と、横須賀第五特別陸戦隊司令安田義達《よしたつ》大佐（四六期、広島）が指揮する約六〇〇名だった。

このうち先遣隊（第一梯団）として一木支隊から九一六名が、六隻の駆逐艦に分乗して、八月一六日、トラック島を出港、ガ島へ向かった。先遣隊は一八日午後九時頃、ガ島飛行場から東方に四〇キロ離れたタイボ岬に強行入泊し、逆上陸した。この時一木大佐は、「敵兵力は二〇〇〇名程度の偵察部隊」と聞かされていたため、後続の第二梯団の到着を待つことなく攻撃することを決意した。

ところが米側は、万全の態勢で待ち構えていた。このため、二一日未明、一木支隊は飛行場の東を流れるイル川河口に辿り着き渡河を試みたものの、敵の猛烈な砲火と戦車の前に全滅してしまった。これを知った日本の陸海軍の上層部は、ようやくガ島の米軍の存在を真剣に考え始めた。

陸軍は直ちにガ島奪回計画を立て、海軍もこれに全面的に協力することになったが、取り敢えず第二梯団を無事にガ島に送り込むことを優先した。この増援軍の輸送に伴って、第二次ソロモン海戦が起った。

八月二三日正午、日本の機動部隊は、第二艦隊と密接な連携の下、ガ島の真北五〇〇浬の地点に達した。戦艦と巡洋艦は、空母の前衛として展開していた。

八月二四日正午過ぎ、第一機動部隊の索敵機が、ガダルカナル島の飛行場の東方一八〇浬に、空母二隻を基幹とする米艦隊を発見。直ちに「米沢海軍」精鋭の関衛《せきまもる》少佐は、九九式艦爆二七機、零戦一〇機よりなる第一次攻撃隊の指揮官として、翔鶴を発進した。

ところで関衛少佐は、明治四二年三月、米沢で生まれた。父の関才右衛門は海軍大佐で、日本海海戦には第十九艇隊所属の水雷艇雉艇長として参加した。母のヤスは旧米沢藩士左近司政記の娘で、左近司政三は伯父にあたる。

関衛中佐は、米沢興譲館中学を卒業して、昭和二年四月八日、海兵五八期に入学した。昭和五年一一月海兵を卒業。練習艦八雲の乗組として地中海方面に遠洋航海に出て、その後海軍砲術学校、水雷学校、通信学校の講習員、さらに砲術講習員のコースを経て、艦隊勤務中、昭和七年四月一日海軍少尉に任官した。

昭和八年四月一日、海軍練習航空隊飛行学生となり、艦上攻撃機の操縦員となった。その一年後、航空母艦龍驤の乗組となり、分隊長和田鉄二郎大尉と共に、日本海軍最初の急降下爆撃機操縦員の一人に選ばれた。

昭和九年に九四式艦爆が登場するが、関はこの新鋭機による艦爆の生みの親でもあった。それから関は霞ヶ浦海軍航空隊付教官となって、後輩の指導に当たる。昭和一一年、龍驤の分隊長になってから間もなく、一二月一日海軍大尉に進級、一三年広東攻略作戦に海軍航空隊の一員として参加し、顕著な武勲によって支那方面司令長官から感状を授与された。その後筑波海軍航空隊や百里原海軍航空隊において、分隊長兼教官として、艦上爆撃機の用法の研究をすると共に、新型急降下爆撃機の開発に従事した。かくして太平洋戦争初期に活躍した九九式艦上爆撃機が、日の目を見ることになった。

以後艦上爆撃部隊の要職を歴任した関衛は、その間昭和一六年一〇月一五日付で海軍少佐に進級し、太平洋戦争を迎えた。

艦爆一途で精進を重ねてきた関少佐を飾ったのは、翔鶴飛行隊長としての活躍だった。ミッドウェー海戦で四隻の空母を失った日本海軍は、昭和一七年七月七日、空母部隊を再建したが、関少佐は第一航空戦隊の旗艦翔鶴の艦爆隊長並びに翔鶴・瑞鶴両空母の艦上爆撃隊の総指揮官を命じられた。

昭和一七年八月七日、米軍部隊がガダルカナル島に上陸を開始した直後の八月一六日、南雲忠一中将の率いる第一航空戦隊を基幹とする第一機動部隊は、広島湾からまず内南洋のトラック環礁に進出し、次いでソロモン群島の東方海上に出撃して、ガダルカナル作戦の支援に当たった。

八月二四日正午過ぎ、第一機動部隊の索敵機は、ガ島飛行場東方約一八〇浬地点で、空母二隻を基幹とする米艦隊を発見。熾烈な敵艦隊の防御砲火を冒して、空母エンタープライズとサラトガに攻撃を加えたが、雷撃隊の後続がなかったため、撃沈するには至らなかった。日本側は、小型空母龍驤を失った。第二次ソロモン海戦である。

同年日本海軍は、ガダルカナル作戦を強化した折、第一機動部隊は再びソロモン群島東方海面でのガ島作戦支援を命じられた。

関少佐は第二機動部隊と共に、一〇月一〇日、トラックより出撃し、所定の海面を行動中、一〇月二六日早朝、翔鶴の索敵機が、同艦南方約二五〇浬地点に米空母群を発見した。早速翔鶴から、村田重治少佐の率いる艦爆、艦戦機より成る第一次攻撃隊と、関少佐の率いる九九式艦爆一九機、零戦五機より成る第二次攻撃隊が相次いで発進した。やや遅れて翔鶴から、九七式艦攻一一機、零戦四機が発進した。掩護戦闘機が少なかったのは、敵機の来襲で戦況が混乱していたためである。

第二次攻撃隊は首尾よく空母一、戦艦一、駆逐艦八から成る米艦隊を発見した。敵戦闘機の激しい妨害と猛烈な防御砲火を潜り抜けて、急降下爆撃と雷撃を敢行し、敵空母に命中弾を与えた。しかしながら、総指揮官の関衛少佐機はじめ雷撃隊指揮官の今宿大尉など帰らぬ機数は多数に上った。

急降下爆撃隊の中隊長吉本捨男大尉は、ホーネット型空母に向って急降下する直前、関少佐機が火を吹きながら背面姿勢になって敵駆逐艦に体当たりするのを視認した。

この日、第一・第二機動部隊の五次にわたる猛攻によって、空母ホーネットと駆逐艦一隻を撃沈、空母エンタープライズを大破し、米戦艦と艦船に多大な損害を与えた。ここに南雲機動部隊は、ミッドウェー海戦の報復を遂げることが出来た。この海戦は、南太平洋海戦と称されるが、日本の機動部隊が挙げた最後の輝かしい勝利であった。昭和一七年一〇月二六日、戦死した関衛少佐は、同日付で海軍中佐に進級した。

南雲中将は佐世保鎮守府司令長官に、草鹿龍之介少将は横須賀航空隊司令官にそれぞれ転出となり、機動部隊から去った。

ソロモン、ニューギニア守勢作戦と山本五十六連合艦隊司令長官の戦死

昭和一八年三月二五日、大本営は、守勢作戦を内容とする第三段作戦への移行を指令した。これ以降の海軍作戦は、「南東方面作戦に関する申し合わせ覚書」によって指導されることになった。その作戦は、ニューギニア、ソロモン、およびビスマルク方面において現勢力を確保することを絶対条件とし、特にニューギニアを重視するというものだった。

これに対して米軍は、ラバウルを当面の最重要目標として、海軍部隊（南太平洋部隊）はソロモン諸島伝いに、陸軍部隊（南西太平洋部隊）はニューギニアの南端から日本軍の拠点を、「蛙飛び」に攻撃する作戦に出た。

当時ラバウル方面に展開していた日本の航空隊は、海軍の第二十六航空戦隊の約一六〇機を主力とし、他には陸軍の第六飛行師団（機数は海軍の約半数）がいた。

一方連合軍航空隊は、ジョージ・Ｃ・ケニー中将の率いる南西太平洋方面軍連合航空軍が、豪州東部から東部ニューギニアに展開していた。

日本の連合艦隊司令部は、昭和一八年四月上旬、海上決戦兵力である第三艦隊の空母の瑞鶴、瑞鳳、飛鷹《ひよう》などの艦載機をラバウルの陸上基地に集結させ、一挙に連合軍の空海戦力を壊滅せんとした（「い号作戦」）。

四月三日、山本五十六長官は、宇垣纏参謀長や幕僚とともに、ラバウルに進出した。

四月七日、「い号作戦」は開始された。これに参加する航空機は、基地航空隊の第十一航空艦隊二二四機と、第三艦隊の母艦機一九五機の総計四一九機である。

目標は、ガダルカナルをはじめとするソロモン諸島と、ポートモレスビーラビなど、ニューギニア東部地区の連合軍の飛行場と港湾の艦船であった。

四月一八日、山本長官は、前線の航空部隊を激励すべく、一式陸攻に搭乗して、ラビからブーゲンビル島のブイン基地へ向かった。ところが日本の暗号を解読していた米軍は、Ｐ38戦闘機一八機を、途中の上空に配備して待ち伏せた。このため「い号作戦」は、日本海軍の実践部隊の最高指揮官である連合艦隊司令長官山本五十六大将の戦死という異常な形で終わることになった。

これ以降日本軍は、本格的な反攻を開始した米軍の前に、ニューギニア、中部ソロモン方面で敗退を重ねるようになる。

陸軍は、広がり過ぎた太平洋方面の戦線を縮小して、兵力を縮小すべきだと主張した。ところが海軍の方は、未だに前線での艦隊決戦に望みをかけていた。

陸軍の主張する範囲には、太平洋最大の根拠地であるトラック島や、艦隊決戦が想定されていたギルバート諸島やマーシャル諸島は含まれていなかった。なぜならば陸軍としては、これらの地区の防衛は不可能と判断していたからである。

東京の大本営は、昭和一八年九月三〇日、「今後採るべき戦争指導の大綱」を決定し、第一線を大幅に後退させた「絶対国防圏」を決定した。これによると、絶対確保すべき要域は、「千島、小笠原、内南洋（中西部）および西部ニューギニア、スンダ、ビルマを含む圏」とされた。

山本五十六長官の後任の古賀峯一（三四期、佐賀）連合艦隊司令長官は、「い号作戦」に倣い、一一月二日から一二日まで、母艦機一七三機を投じて航空撃滅戦を実施した。「ろ号作戦」である。

第一次から第三次にわたるブーゲンビル島沖航空戦は、この間の連合軍のタロキナ上陸に対して行われ、航空攻撃は引き続き第六次（一二月二日）まで行われた。これより先の八月一二日、日本軍は中部ソロモンからの撤退を決定した。

一一月一日、連合軍はタロキナに上陸して基地を開設し、ラバウルへの航空戦を強化した。ラバウルの日本軍の防備は極めて堅固であると判断した連合軍は、当初の直接攻略の方針を改めて、周辺の要地を占領して孤立させる作戦に出た。このため連合軍は、マーカス岬、ツブル岬、グンゼ岬を占領し、続いてグリーン島、アドミラルティ島に上陸した。

ニューギニア戦線では、昭和一七年八月、日本軍はポート・モレスビーを臨む至近距離にまで迫り、パプア半島の先端ミルン湾を占領した。

ところが間もなく、マッカーサーによる反撃が始まることになった。昭和一七年一二月、ブナ攻略に始まった連合軍の「蛙飛び作戦」は次第に速度を増し、一九年七月にはニューギニア西端のリンボールに達した。

この間日本軍はもっぱら航空支援に努めたが、続々と新手を繰り出してくる連合軍航空部隊によって消耗戦を強いられることになった。ソロモン、ニューギニア作戦を通して、日本軍の喪失機数は八五七機にも上り、航空戦力が大幅に削がれた。

中部太平洋防衛戦における第四艦隊司令長官小林仁中将の更迭とマリアナ沖海戦

その後もラバウルには一〇万人近い日本の将兵がいたが、その周辺をすべて米軍によって占領されたため、完全に孤立することになった。この時、内南洋の防衛を担ったのが、昭和一八年四月に第四艦隊司令長官に就任した小林仁《まさみ》（米沢）中将である。

小林仁は、明治二三年六月一八日、織物業小林精三の長男として生まれた。米沢中学校を経て海兵に入校（三八期）、明治四三年七月、一四九名中四席と極めて優秀な成績で卒業し、四四年一二月海軍少尉に任官した。

大正五年海軍大学校専修学校を卒業し、いわゆる「航海屋」となる。敷設艦勝の航海長、海防艦秋津洲航海長、第三艦隊参謀を歴任し、大正一二年海大甲種学生（二一期）を卒業し、一一年一二月少佐に進級した。

小林　仁

その後横須賀鎮守府付（海軍省軍務局第一課で勤務）、河用砲艦比良艦長、出仕（軍令部第一班第一課で勤務）を経て、大正一四年一二月、アメリカ駐在（ジョンズ・ホプキンズ大学で学ぶ）、昭和二年五月アメリカ大使館武官補佐官を歴任して、昭和二年一二月海軍中佐に進級し、昭和三年四月、帰朝を命じられた。

潜水母艦長鯨副長、出仕（海軍人事局第一課で勤務）、海軍省人事局第一課局員、出仕（海軍省軍務局第一課で勤務）を歴任して、昭和六年一二月海軍大佐に進級し、ジュネーブ軍縮会議随員、七年一一月アメリカ大使館付武官、九年六月帰朝し軍令部第三班第五課長、山城艦長を経て、一二年一〇月第四艦隊参謀長、一二月少将に昇進し、一三年九月佐世保鎮守府参謀長、一四年漢口方面特別根拠地隊司令官となり、一五年一一月上海方面根拠地隊司令長官、一六年六月水路部長に就任し、同年一〇月中将に昇進し、一一月大阪警備府長官となり、一八年四月、小林に待望の最前線勤務が命じられ、内南洋防衛の主力である第四艦隊司令長官となった。

小林はトラック環礁に進み、連合軍の機動部隊によるギルバート諸島・マーシャル諸島への警戒を強めた。就任後間もない新参の長官でありながら小林は、歴戦の近藤信竹第二艦隊司令長官・小松輝久第六艦隊司令長官と連名で、着任間もない古賀連合艦隊司令長官に対して、「内南洋の作戦及び防備」の意見具申を行った。

このように意気込みは強かったが、昭和一八年一一月に、マキン・タラワの戦で両島を喪い、六回に及ぶギルバート諸島沖航空戦も空振りに終わると采配が鈍りだす。急遽増強を図ったマーシャル諸島の防衛も、軌道に乗らないうちにクェゼリンの戦いが始まってしまい、一九年二月陥落。潜水艦停泊地とマーシャル諸島最大のルオット島飛行場を一挙に失った。

内南洋の一大拠点であり、「日本の真珠湾」とも呼ばれたトラック環礁への攻撃も間近に迫る中、二月一〇日、連合艦隊司令部をパラオ諸島に後送した。トラックでは敵航空隊の迎撃体制を整えたが、小林は何故か一六～一七日に警戒を緩めさせた。

二月一七日早朝、米軍はトラック諸島の連合艦隊基地を空襲し、日本の航空機二七〇機の全てを破壊し、第四艦隊の軽巡三隻と、駆逐艦四隻を撃沈した。付近の制海権や制空権は米軍に握られたため、トラック島にいた四万人将兵は、完全に孤立することになった。

さてパラオを新たな根拠地にした連合艦隊だったが、三月三〇日、米軍はそのパラオに対しても空襲して来た。この時パラオには連合艦隊の旗艦武蔵が入泊していたが、偵察機の情報で辛くも退避した。しかしトラック同様に航空機は全滅し、湾内にいた艦船のほとんどが撃沈されてしまった。日本側は地上施設を破壊されて基地機能を失ったのみならず、残存した商船は、ことごとく撃沈されてしまい、沈船のために泊地としての機能も完全に失われてしまった

海軍はこの空襲を小林の判断ミスによる被害と見なし、「海軍丁事件」と称して小林を弾劾。空襲の二日後、小林は第四艦隊司令長官を更迭され、五月三〇日に待命、その翌日の三一日、予備役に編入された。

南雲忠一、サイパン島にて玉砕す

サイパン島は、日米両軍にとって最重要の太平洋の要衝だった。昭和一九年五月末、米軍は、西部ニューギニア沖合のビアク湾に上陸した。かつてマッカーサーは、フィリピンを脱出する

時「アイ・シャル・リターン」を宣言していたことから、日本としては米軍の目標をフリッピンと判断し、そうだとすればパラオだと考えていた。したがって日本側としては、米軍は艦砲射撃や空爆など活発な動きをしているものの、サイパンへの上陸はないものと考えていた。

ところが米側は、マッカーサー軍の南太平洋ルートと、ニミッツ軍が中部太平洋ルートを進攻するルートからなる二正面作戦を執った。日本への最短ルートを進むニミッツ軍の目標は、日本本土への直接爆撃を可能にするマリアナ諸島だった。

その中の一島であるサイパンには、小畑英俊《おばたひでとし》中将の率いる第三十一軍指揮下の北部マリアナ地区集団（集団長斎藤義次中将＝第四十三師団長）がおり、陸軍二万八五一八名、海軍一万五一六四名、総計四万三六八二名の将兵がいた。この他本土引き上げに間に合わなかった二万名前後の一般邦人と四〇〇〇名の現地住民もいた。

日本軍の四万三〇〇〇名という人数は決して少ないものではなかったが、戦闘主力の陸軍は、歩兵三個連隊からなる第四十三師団（名古屋）の一万六〇〇〇名だけだった。一方米側には、スプルーアンス海軍大将を総指揮官に、ホーランド・スミス海兵中将を地上戦の指揮官とする六万二〇〇〇名がいた。

昭和一九年六月一一日、サイパンに対する米機動部隊の空襲が始まった。マーク・ミッチャー中将の率いる第五八機動部隊は、エンタープライズ（初代）、レキシントン（二代目）などの制式空母七隻、軽空母九隻、搭載機数九〇〇機、そのほか艦砲射撃を加えるためにサウス・ダコタなどの新型戦艦七隻を帯同していた。

一方日本側には飛行機はなく、テニアンに基地を持つ角田覚治《かくたかくじ》（三九期、中将）が率いる第一航空艦隊が迎え討ったが、飛行機の性能、搭乗員の練度ともに母艦機に劣り、連日の空襲のため多大の損害を被った。

「長官、残念ですな。こちらには飛行機がありませんからな」

副官の荘林規矩郎中佐が、防空壕の入り口で南雲に言った。コンクリートで固めた司令部用の防空壕が出来ていたが、南雲はなかなかその中に入ろうとしなかった。

「味方の空母は、どうしているのですかな」

矢野英雄（四三期、少将）参謀長も思案気であった。

南雲は、自分の後を継いで、機動部隊の指揮官になった一期下の小沢治三郎（三七期、中将）第一機動艦隊長官兼第三艦隊長官の手腕を信頼していた。

二月、南雲がトラックで会った時、小沢は面白いことを言った。南雲が「おい、索敵を念入りにやらにゃいかんぞ」と小沢に対して言うと、「ああ、今度はアウトレンジ戦法で、米軍をひねってやろうと考えとるですよ」と言う。

「ほう、アウトレンジね……」

「左様、今わが方が空母に乗っけている飛行機は、零戦はじめ天山（艦攻）、彗星（艦爆）など、いずれも敵の飛行機より脚が長い。早目に敵を発見して、遠い所から攻撃機を発進させて、敵を叩く。これならば被害は少ないでしょう」

「うむ、そりゃよかろう」

「アウトレンジ戦法」、これが小沢の秘策だった。一応南雲はそう答えたが、肚の中では、「そんなに上手くいくのかね」と思っていた。ミッドウェーでの敗北以来、南雲は航空戦術に懐疑的になった。しかしそれでも南雲は、アウトレンジ戦法に期待していた。期待というよりも、これが成功しなかったら、恐らく日本海軍としては反撃することは難しいと思ったからである。そうなればサイパンは占領される。サイパンの防備の危うさを一番知っているのは、司令官の南雲だった。

南雲が見る所、サイパン守備隊には老兵が多かった。戦車や重火器も足りていない。士気の旺盛や軍紀が堅固なのは、鹿島辰雄中佐の指揮する横須賀第一特別陸戦隊だけである。特陸は水際の戦闘が得意だから、敵が上陸して来たら、存分に戦ってくれるだろうと、南雲は期待していた。

六月一五日未明、米軍はガラパン南方のチャランカノアに上陸してきた。第二・第四海兵師団各二万二〇〇〇名、第二七歩兵師団一万六〇〇〇名、第四水陸両用軍団二三〇〇名、計六万二三〇〇名が、前部が開くＬＳＴ輸送船に乗って、次々に海岸にのし上げて来た。これに対して日本軍も激しく反撃し、敵に五〇〇名以上の戦死者と二〇〇〇名以上の負傷者を出させた。

この日、日吉にあるＧＦ司令部は、比島南部のタウィイタウィイ基地から移動中の小沢機動艦隊に対して、「連合艦隊ハ『マリアナ』方面来攻ノ敵機動部隊ヲ撃滅、次イデ攻略部隊ヲ撃滅セントス」とする「あ号作戦」を下令した。

この電報は、サイパン島司令部のアンテナにもキャッチされた。

「長官、いよいよ作戦発動です。機動部隊が来ますぞ」と、荘林副官は傍受した電文を南雲に手渡しながら言った。

「うむ、小沢がうまくやってくれればええがのう」

一両日にわたり海岸線において日米両軍の激しい攻防があった後、六月一八日、米軍はガランパン方面から南部にかけての幅広い前線で進撃を開始した。島の南端に近いアスリート飛行場はこの日占領され、日本軍はサイパン島最高峰のタポチョー山（四七三メートル）を結ぶ線を抵抗線とすることにした。南雲もガランパンの司令部を出て、タポチョー近くに移った。

六月一九日、小沢が率いる第一機動部隊は、アウトレンジ戦法を引っさげて、サイパン西方海面において、マーク・ミッチャーの第五八機動部隊に対して、乾坤一擲の決戦を挑んだ。日本側の主力空母は、新造の大鳳《たいほう》を旗艦とし、一航戦＝歴戦の翔鶴・瑞鶴、二航戦＝隼鷹・飛鷹・龍鳳、三航戦＝千歳・千代田・瑞鳳で、三三〇機が可動であった。

午前六時半、小沢司令部は三群に分かれた敵空母群を発見。アウトレンジすべく、直ちに第一次攻撃隊二五〇機を発進させた。しかし米軍の防御は堅く、輪形陣の外側で待ち構えた四五〇機のグラマンＦ６ヘルキャットと対空砲火によって一四〇機が墜ちた。レーダーによる予期発見と、ＶＴ信管のためである。

第二次攻撃では、そのほとんどの機が敵空母を発見できず、有効な攻撃をすることが出来なかった。この時には米側も日本空母を発見することが出来ず、したがって攻撃隊の発進はなかったが、潜水艦は、大鳳・翔鶴を雷撃した。大鳳には、一本魚雷が命中し、これがもとで爆発し沈没した。翔鶴には三本の魚雷が命中、沈没した。

翌六月二〇日、ミッチャー機動部隊は追撃に移り、夕方飛鷹を撃沈し、瑞鶴その他に命中弾を与えた。

このように小沢中将のアウトレンジ戦法は、敵戦闘機とVT信管に妨げられて有効打を得られずに終わることになった。日本側の戦果は、戦艦二、重巡一、空母一を小破。これに対して日本側の損害は、空母三、中空母四、戦艦一、重巡一という結果であった。

南雲はこの結果を、サイパンの司令部で無線傍受によって知った。日本機動部隊の敗北が伝わると、当然ながら島内の士気は落ち、六月二六日、タポチョー山は米側に落ちた。

南雲司令部も米軍の攻勢に押されて、ガラパンからタナパク、タナパクからマタンシャと、北へ北へと落ち延びて行った。同行する者は、参謀長の矢野英雄少将、参謀長葦名三郎中佐、副官荘林規矩郎中佐、第五根拠地司令官辻村武久少将、同参謀金岡知二郎大佐、第六艦隊長官高木武雄少将らである。

七月五日夕刻、南雲の司令部は、マタンシャ近くの洞窟にいた。この辺は洞窟が多く、陸軍の斎藤義次中将や井桁敬治少将も、近くの洞窟で、最後の軍議を開いていた。すなわちいつ最終的攻撃を行って玉砕するかである。

サイパンのマタンシャに近い地獄谷の洞窟にあって、月を眺めている南雲の胸中にはしきりと、同郷の志士雲井龍雄の「死ハ畏レズ　生ハ倫《ぬす》マズ　男児ノ大節　光日ヲ争フ」の辞世の詩が去来していた。

米沢海軍を継承して、強大な海軍建設に務めてきた南雲は、己の専門とは異なる航空界に投じられ、今一機の飛行機も無く、太平洋の島上に命を終えんとしている。

南雲は岩の上に腰を掛けて、玉砕を前にして部下に与える最後の訓示を書いた。

「よいかね。参謀長。私は明日、全軍にこの訓示を与えて、部下と共に突撃する。君は何とか島を脱出して、後方に帰って欲しい。そしてサイパンの戦闘状況と玉砕の実情を、大本営に報告してくれたまえ。これは最後の命令だよ。矢野君」

矢野は南雲の手帳に目を落として、そこに認められた南雲の訓示を低い声で呼んだ。

「サイパン全島ノ皇軍将兵ニ告グ。米鬼進攻ヲ企図シテヨリ、茲ニ旬余、在島ノ皇軍陸海軍ノ将兵及ビ軍属ハ、克ク協力一致善戦敢闘随所ニ皇軍ノ面目ヲ発揮シ、負託ノ任ヲ完遂センコトヲ期セリ。然ルニ天ノ時ヲ得ズ、地ノ利ヲ占ムル能ハズ。人ノ和ヲ以テ今日ニ及ビ、今ヤ戦フモ資材ナク、攻ムルニ砲熕（ほうこう）悉ク破壊シ戦友相次イデ斃ル。無念、七生報国ヲ誓フ。……戦陣訓ニ曰ク『生キテ虜囚ノ辱メヲ受ケズ』『勇躍全力ヲを尽シ、従容トシテ悠久ノ大義ニに生クルコトヲ悦ビトスベシ』ト。茲ニ諸士ト共ニ、聖寿ノ無窮皇国ノ弥栄ヲ祈念スベク、敵ヲ索メテ進発ス、続ケ。

昭和一九年七月六日　中部太平洋方面艦隊司令長官　南雲中将」

七月六日、地獄谷の洞窟では、斎藤中将と井桁少将が自決した。この知らせは、海軍の洞窟にいた南雲の所へも届いた。

「そうか。斎藤君たちは逝ったか。わしの方は突っ込むぞ。では、今から突撃する。全員おれに続け！」

期せずして、「バンザーイ」の合唱が起こり、ジャングルにこだました。万歳突撃が終わったのは、七月九日である。

南雲中将は乱戦に紛れ、この辺りのどこかで最期を遂げたとみられ、時刻は七月七日未明と推定された。

南雲からの最後の電報は、七月六日午前二時発電の「サイパン守備部隊ニ与フル命令」で、それには次のように記されていた。

「先ニ訓示セル所ニ従ヒ、明七日、敵ヲ求メテ玉砕セントス。随時敵ヲ求メテ攻撃ニ当レ」

昭和一九年七月八日付で、南雲忠一は海軍大将に任ぜられ、同時に正三位、功一級金鵄勲章、勲一等旭日桐花大綬章が贈られた。

サイパンの陥落は、日本にとっては致命的であった。なぜならば、占領後米軍は同島の飛行場を整備して、日本本土に対し直接爆撃を行うからである。

太平洋戦争開戦時から実権を握っていた東条内閣は、七月一八日、総辞職した。

後任の首相には小磯国昭《こいそくにあき》予備役陸軍大将が就任し、海軍大臣には天皇の強い意向によって、和平派の米内光政大将が副総理格で入閣した。こうして日本は、終戦に向けて舵を切ることになった。

米軍は、七月二一日グアム島、さらに三日後の二四日、テニアン島に対して上陸を開始した。伊豆大島をわずかに大きくしたテニアン島には、米軍はサイパンに匹敵する五万四〇〇〇名の大兵力を投入し、九日間で島を横断して、八月一日同島を占領した。

昭和初期および太平洋戦争時の「米沢海軍」の散華者（戦死年月日順）

✺黒井　明少佐（五一期）
黒井明は、大正一五年三月、霞ヶ浦海軍航空隊飛行学生を仰せつけられた。海軍中尉進級と同時に、横須賀海軍航空隊付として連合艦隊付属の能登呂の乗組となり、次いで昭和四年一一月、霞ヶ浦航空隊付兼教官に補され海軍大尉となった。それから三年後、黒井は愛宕の乗組として飛行長職務を執行した。

昭和八年三月一〇日、海軍省は黒井明大尉が殉職したことを、次のように報じた。

「昭和八年三月四日、軍艦愛宕連合艦隊基本演習に参加行動中、同艦搭載の飛行機に搭乗し、同日午後八時一三分、北緯三一・五度、東経一三四・五度の地点に於いて、発艦飛行演習中の処、同日午後一〇時一三分、室戸岬の二百度四〇浬付近に於いて豪雨に逢い、爾後消息無き為、翌々六日迄極力付近海面を捜索せしも、遂に行方不明。爾来本日に至る迄、各方面共手掛りなく、当時の天候及び周囲の状況より推察して、生存不可能と認むるを以て、昭和八年三月一〇日午後九時、室戸岬の二百度四〇浬付近に於いて死亡せしものと認定せらる」

黒井悌次郎大将の兄・黒井小源太の末子であった黒井明大尉は、殉職後少佐に進級した。

✺近藤道雄中佐（五一期）〈米沢市福田町〉

近藤道雄は、大正九年八月、海軍兵学校に入学し、一二年七月卒業。同年一二月海軍少尉に任官し、昭和二年一二月、呂号第二十七潜水艦乗組となった。四年一一月三〇日、近藤は海軍大尉進級と同時に、海軍水雷学校高等科の学生となる。六年一二月一日付で、近藤は白雲の水雷長兼分隊長に補され、八年一一月一日海軍兵学校教官兼生徒隊監事になった。一〇年一一月三〇日海軍少佐に進級し、海軍大学校甲種学生を命じられた。

昭和一二年七月海大を卒業、横須賀防備戦隊参謀に補された。同年一二月一日、念願が叶い上海の第一根拠地隊参謀となり、中国大陸に渡って直接戦闘に参加することになった。一三年二月一二日第一港務部部員兼参謀となる。

この頃中国大陸では、近藤英次郎少将が司令官として揚子江遡江作戦を行っていた。上海の根拠地にいた近藤道雄少佐はこの遡江作戦に協力し、要務を帯びて安慶に向けて飛行艇で飛び立ったが安慶付近で消息を絶った。空陸一体の捜索が行われたが、杳《よう》としてその行方は知れなかった。ところが七月三一日午後四時頃、安慶南西約四〇キロの涼泉鎮北西三支里方家屋部落において、近藤の搭乗機が樹木に衝突して、機首を下にして破損墜落している事実が判明した。この時近藤は三七歳。将来を嘱望された参謀だったが、夫人と一児（後の衆議院議員の近藤鉄雄氏）を残したまま散華した。近藤道雄少佐は、同日付で海軍中佐に進級した。

✺関 衛中佐（五八期）

関衛は、昭和二年四月八日、海兵五八期生として入校した。五年一月海兵卒業後、練習艦八雲の乗組として地中海方面に遠洋航海した。その後、海軍砲術学校、水雷学校、通信学校、および術科講習員のコースを経て、艦隊勤務中の七年四月一日海軍少尉に任官した。八年四月一日海軍練習航空隊飛行学生となって海軍中尉に進級する。同年一一月二八日館山海軍航空隊付となり、艦上攻撃機の操縦隊員となった。その一年後、航空母艦龍驤の乗組となり、分隊長の和田鉄二郎大尉と共に、日本海軍最初の急降下爆撃機の操縦員となった。

昭和九年、九七式艦爆が登場すると、関衛は新鋭機による艦爆隊の生みの親となり、その後霞ヶ浦海軍航空隊付兼教官になる。龍驤の分隊長になって間もない一一年一二月一日海軍大尉に進級し、一三年一〇月、広東攻略作戦に海軍航空隊の一員として参加した。

その後は、筑波海軍航空隊や百里原航空隊において、分隊長兼教官として艦上爆撃機の用法を研究すると共に、新型急降下爆撃機の開発に従事する。かくして太平洋戦争初期において、九九式艦爆機が華々しく活躍することになった。

昭和一六年一〇月一五日付で海軍少佐に進級した関は、翔鶴の飛行長となった。

昭和一七年六月五日のミッドウェー海戦で空母を四隻失った日本海軍は、同年七月七日空母艦隊を再建し、関は第一航空戦隊の旗艦翔鶴の艦爆長、並びに翔鶴・瑞鶴両空母の艦上爆撃隊の総指揮官を命じられた。

米軍部隊がガダルカナル島に上陸を開始した直後の八月一六日、南雲忠一中将の率いる第一航空戦隊を基幹とする第一機動部隊は、広島湾から内南洋のトラック環礁に進出。続いてソロモン群島の東方海上に出撃して、ガダルカナル作戦の支援に当たった。八月二四日正午過ぎ、第一機動部隊の索敵機が、ガ島飛行場の東方約一八浬地点で空母二隻を基幹とする米艦隊を発見した。早速関少佐は、九九式艦二七機、零戦一〇機よりなる第一次攻撃隊の指揮官として翔鶴を発進し、敵空母エンタープライズとサラトガに攻撃を加えたが、撃沈するまでには至らなかった。一方の日本側は龍驤を失った。第二次ソロモン海戦である。

一〇月一〇日、関は、第二機動部隊と共にトラック島より出撃し、所定の海面を行動中、一〇月二六日早朝、翔鶴の索敵機が、同艦南方約二五浬地点で米空母を発見した。この報せを受けて、翔鶴から村田重治少佐率いる艦爆・艦戦より成る第一次攻撃隊と、関少佐が率いる九九式艦爆一九機、零戦五機より成る第二次攻撃隊が発進。やや遅れて瑞鶴の九七式艦攻一一機、零戦四機も発進した。

第二次攻撃隊は、首尾よく空母一、戦艦一、巡洋艦二、駆逐艦八隻から成る米艦隊を発見し、果敢に攻撃をかけたものの、総指揮官の関衛少佐と雷撃隊指揮官の今宿大尉は戦死した。この日わが機動部隊は、第一・第二機動部隊による五次にわたる猛攻によって、空母ホーネットと駆逐艦一隻を沈め、空母エンタープライズを大破した。南太平洋海戦である。

✺山田勇助少将（四八期）

山田勇助は、大正九年九月七日海軍少尉に任官、扶桑・春日の乗組を経て、一一年海軍砲術学校普通科学生となった。続いて海軍水雷学校普通科学生として修業後、一二年柳乗組、続いて霧島分隊長となる。

大正一四年一二月一日付で海軍大尉進級と同時に、海軍水雷学校高等科学生を仰せつけられた。一五年一二月一日付で第十三号駆逐艦の水雷長兼分隊長に補され、昭和四年一一月から六年までの二年間、海軍兵学校教官兼監事となった。

昭和六年一二月一日第一号掃海艇長に補され、翌七年四月二三日蓮駆逐艦長となる。同年一二月一日海軍少佐に進級し千鳥水雷艇長、九年波風駆逐艦長、一一年電駆逐艦長を歴任し、一年後に海軍中佐に累進し、駆逐艦夕霧艦長を一年間務め、一三年一二月水雷学校教官となり、分隊長も兼任した。

昭和一五年一一月一五日神通副長、そして開戦直前の一六年八月一一日に第二三駆逐隊司令となり、ハワイ作戦には卯月・菊月・夕月の三艦を率いて参加した。一七年三月二〇日第一水雷戦隊司令部付となり、同年四月六日第六駆逐隊司令となり、同年一一月一日海軍大佐に進級した。一一月一三日、山田は駆逐艦睦に乗艦して第三次ソロモン海戦に参加した。駆逐艦睦は、同日乗ルンガ沖で敵巡洋艦と交戦中に被弾し、一三日午前零時に沈没した。山田勇助大佐は、同日乗艦沈没の際に戦死と認定され、海軍少将に昇進した。

✷大関哲秀少佐（六三期）

大関哲秀は、昭和六年海兵に入学し、卒業後の一一年から一二年九月まで第一艦隊の長門乗組となり、一二年四月一日海軍少尉に任官した。同年九月二〇日早苗乗組となったが、間もなく海軍練習航空隊飛行学生、次いで第四十一駆逐隊付となって、山雲・夏雲・大井各艦乗組を経て、一三年八月五日呉鎮守府第四特別陸戦隊付となった。

中国大陸の漢口攻略戦が開始され、揚子江遡江作戦の指揮官は近藤英次郎少将（後に中将）であった。漢口に至る揚子江岸の諸堅塁の急速な攻略や、陸軍との協同作戦による武漢占領の偉功は高く評価され、近藤少将指揮下の部隊には、及川古志郎支那方面艦隊司令官より感状が授与された。この揚子江攻略部隊の中に大関少尉の姿もあった。

海軍中尉に進級してからの大関は、昭和一四年一一月一五日比叡分隊長、一五年一〇月一五日海兵教官兼監事となり、一五年一一月一五日海軍大尉に進級した。

翌一六年一〇月一四日、大関は「哲」を「哲秀」と改名して、その後潜水艦一筋の生活を送ることになる。一七年一月一五日、大関は海軍潜水学校特修科で学び、その後伊号第一七二潜水艦水雷長兼分隊長となった。この伊号第一七二潜水艦は、緒戦のハワイ真珠湾攻撃に参加し、次いで一七年四月、敵機動部隊追跡のため東方洋上に出撃した。五月三日横須賀、一二日には整備修理のため母港の呉に入港した。この時大関は、伊号第一七二号に乗組んだとみられる。

八月二二日、同潜水艦は呉を出航し、途中トラック島に立ち寄って八月三〇日、先遣部隊第七潜水部隊の一艦としてガダルカナル島付近を哨戒した。以後潜水部隊名は第三、第一と変る。

九月三〇日トラック島に一旦帰り、一〇月一日再度トラック島を出撃した。主力潜水部隊司令岡本義大佐の指揮下にあって、サンクリストバル、レンネル島方面で散開線を移動した。ところが一一月三日、サンクリストバル島南東端の南西一四浬沖で、「敵輸送船七隻発見」と報じたまま消息を絶った。昭和一七年一一月二七日、大関大尉は戦死と認定され、同日付で海軍少佐に昇進した。大関は貞子夫人と結婚して女児を授かっていたが、哀れにも南の海で散華した。

✺勝見　基大佐（四九期）

勝見基は大正七年八月海兵に入校し、海軍少尉に任官、長門乗組を命じられた。その後海軍水雷学校と海軍砲術学校の普通科学生の両課程を終え、海軍中尉の時、第五潜水隊付となり呂号第二十三、伊号第二十四（水雷分隊長）、伊号第一（水雷長兼分隊長）、伊号第二十四（艦長）、呂号第五十七（艦長）と、潜水艦一筋の軍歴を辿る。昭和一〇年一〇月呉竹駆逐艦長に補され、その後は羽風・大刀風・秋風・大潮・満潮、白露の各駆逐艦長を歴任した。一四年二月電駆逐艦長となり、同年一一月海軍中佐に進級。一六年九月一五日海軍大佐に進級し駆逐艦谷風の艦長に補された。

昭和一七年一一月二八日、勝見は敏子夫人宛に遺書代わりの次の手紙を書いた。

「再び母国を離れ幾千里、戦争は正に白熱化している。勝たずばならず、与えられた天職なり。質実剛健、身心を練り持久力のある子供に育ててくれ。飽き易きは人間の弱点なり。特に日本人の欠点なり。物資不足の折柄不自由もあるべけれど、戦線の思いをすれば忍ぶべし。火の用心、特に心配なるも、遠く離れていては指図もならず。人に迷惑をかけざる様、食事及風呂の火に折角御用心下され度し」

張り詰めた日々の中にあっても、家族を思いやる父親でもあった。さらに二人の子息については、「能力の許す範囲に於て志望の学校を希望通り受験せしめよ。何とかなるだろう。無理すべからず。人各々に与えられた天分あればなり。僕は思い残すことなし。満足して、自己の天職に邁進するのみ」と書き残した。

それから三か月後の昭和一八年一月一五日、勝見はソロモン方面の作戦に従事していたが、敵機の猛攻を受け、午前五時四〇分駆逐艦もろとも海底に沈んだ。勝見中佐は同日付で海軍大佐に昇進した。

✺名古屋暢男大尉（六九期）

名古屋暢男は、太平洋戦争開戦時は第二艦隊の旗艦愛宕に乗組み南方要城攻略作戦に従事した。昭和一七年四月戦艦日向の乗組となり、翌一八年一月鳳翔の分隊長になった。一九年二月一日駆逐艦舞風の砲術長兼分隊長として、第一線へ出撃する。二月一七日、敵機動部隊がトラック島を襲撃し、鳳翔はトラック北水道外方において、敵雷撃機と敵戦艦の砲撃を受けて沈没した。同日、名古屋暢男は戦死と認定された。

ちなみに戦死率が六〇％を超えた海兵のクラスを挙げると、六八期が六六・三％、七〇期が六六・二％、六九期が六四・九％、六七期が六二・五％であった。散華した士官の多くは二〇歳を過ぎたばかりの青年であった。

✺和田久馬少佐（六五期）

和田久馬は、昭和九年四月海軍兵学校に入校。卒業後は鈴谷・長門の乗組となり、一四年一

○月佐世保鎮守府特別陸戦隊付となる。そして同年一一月海軍中尉に進級する。一五年二月海南島根拠地隊司令部付となり、続いて舞鶴鎮守府第一特別陸戦隊付兼分隊長、横須賀海兵団分隊長兼教官に補された。

昭和一七年一月二五日横須賀海兵団分隊長兼教官となり、次いで馬公警備隊付、東港海軍予備学生教育主任となった。一八年四月館山海軍砲術学校教官兼分隊長に補され、八月三一日第八十六警備隊副長兼分隊長となり九月末に任地のラバウルに到着した。

和田は、ラバウル駐在の第八十六警備隊副長兼陸警課長の任に就く。当時日本軍はコロンバンガラ島で敗退し、ブーゲンビル島を最前線として敵と対峙していた。ニューギニア方面ではラエとサラモアが敵側に陥落した。一九年一月三一日、ニューアイルランド東側の列島最南端のグリーン島(ラバウル東方一一五浬)へ米軍の魚雷艇が出現、湾内に侵攻した。グリーン島に飛行場を建設されると、セントジョージア岬の電探が来襲敵機の捕捉可能の範囲外となり、ラバウル防衛が危機に瀕することを日本側は憂慮した。

そこで第八根拠地隊では、ラバウルから和田分隊長を指揮官として潜水艦伊一六九および伊八九を使って一二三名からなる救援隊を送って逆上陸を敢行しようとした。夜陰に乗じてラバウルを出発し翌朝グリーン島沖で折り畳み舟艇に移乗する計画であったが、出発の夜に激しいスコールに見舞われたため二月三日未明、和田隊長以下七七名のみが同島上陸に成功した。しかし敵影は見つからなかったため、和田は救援隊をまとめて島の西端より島を一周し、その後二分した一隊を率いて環状の切れ目にある離島の偵察に向った。ところが日本側の裏をかくように、二月一五日敵の大部隊が上陸した。このため、本島に残っていた隊員は三日後に全員玉砕することになった。

この時離島にいた和田以下も、二月一七日朝、「我方ニ対シ迫撃砲ノ攻撃頻繁ナリ」と報じると共に、一九日午前五時、「我敵陣ニ突入ス。連絡ヲ絶ツ」と連絡したまま消息を絶った。同日、和田久馬大尉は戦死と認定され、海軍少佐に昇進した。

✺近野信男少将（四八期）

近野信男は、大正九年七月海兵を卒業。その後、磐手・扶桑の乗組を経て、海軍水雷学校、海軍砲術学校普通科学生の課程を終了し、続いて大刀風・樺等に乗組し、大正一五年海軍水雷学校高等科学生となった。

昭和に入ってからは、橘の乗組、海軍水雷学校教官、駆逐艦沼風・村雨の艦長を務め、昭和一三年海軍中佐に進級し、佐世保鎮守府出仕となり、翌一四年海軍水雷学校教官兼横須賀海軍工廠機雷実験部部員となった。

昭和一五年には特別大演習の審判官を命じられた。その後第四艦隊司令部付となり多摩に乗組。同年一一月第十九戦隊参謀となり太平洋戦争を迎えたが、一七年横須賀鎮守府付となり、間もなく長門の副長となった。

昭和一八年五月一日海軍大佐に進級し再び横須賀鎮守府付となり、一九年一月海軍機雷学校教頭兼研究部長として海軍技術会議議員、海軍艦政本部技術会議議員に任命された。同年三月臨時海上護衛司令部付となり軽巡龍田に乗組、護衛の任を帯びて太平洋の戦場へ向かった。しかし三月一三日、龍田は八丈島の西方四〇浬の海上において敵潜水艦と遭遇、交戦虚しく被雷沈没した。その際近野は最後まで艦を離れることなく奮戦した。同日付で近野信男大佐は海軍少将に昇進した。

✺佐藤良策少佐（六九期）

太平洋戦争開戦時、佐藤良策は第十一連合航空隊の飛行学生（第三七期）であった。昭和一八年二月二七日新竹飛行隊付となり、同年七月一日豊橋航空隊付となった。そして一〇月一日、豊橋で開隊した陸攻航空隊の第七三二海軍航空隊付として出征した。

昭和一八年九月二〇日、七三二航空隊はインド洋方面からの来攻に備えるため新たに編成された第十三航空艦隊直属の航空隊として蘭印方面に進出した。一九年三月二五日、マッカーサーの攻勢がソロモン諸島、ニューブリテン島、アドミラルティ島、フィリピン群島に迫る。

その頃佐藤は三月一五日付で第七三二海軍航空隊分隊長となり、五月五日には攻撃七〇七航空隊分隊長となった。五月二八日午後一一時三〇分、一式陸攻に搭乗した佐藤はビアク島南岸の敵艦船に対する夜間攻撃のため発進したが、二九日午前二時五五分マノクアリ北方約七〇浬地点で消息を絶った。当時の戦況からして、佐藤大尉は同地点で戦死したものと認定され、同日付で海軍少佐に進級した。

✺中村文郎少佐（六七期）

昭和一九年六月一五日、空母一五隻、搭載機九〇一機、一〇万の兵を乗せた七五〇隻の輸送船団と、多数の艦艇を従えたスプルーアンス大将が率いる米攻略部隊は、日本側将兵四万三〇〇〇名余が守備するサイパン島へ殺到した。これに対して豊田副武（三三期）司令長官の率いる連合艦隊は、米機動部隊撃滅の好機と見て「あ号作戦」を発令し、小沢機動部隊に出動を命じた。

小沢部隊は、軽空母三隻、戦艦四隻を中心とする艦隊を前衛とし、空母六隻、戦艦一隻の主力部隊を後衛とする陣形をとった。これは米軍の空襲を前衛部隊が吸収して囮の役割を果たすと同時に、戦艦と巡洋艦に搭載されている水上機の索敵能力を最大限に発揮させようとする一石二鳥の布陣だった。

六月一九日早朝、十分な索敵で米空母の位置を把握した小沢機動部隊は、米空母部隊から七〇〇キロ離れた、アウトレンジ戦法にとっては絶好の距離から攻撃機を発進させた。ところが第一波六四機のうち未帰還は四一機に上り、第二波では一二八機中未帰還機九七機、第三波では四九機中未帰還機は七機で、しかも戦果はゼロだった。

この「あ号作戦」が決行される四日前、零戦一一、艦爆三、銀河（陸爆）一〇機よりなる航空攻撃隊は、午後二時より三時の間にヤップ島より発進し、米グラマン戦闘機の迎撃や防御砲火を冒して、エンタープライズ以下四隻の空母を中心とした第五八機動部隊の第三部隊に雷撃を加えた。戦果は不明であったが、零戦一、艦爆一、銀河八機が未帰還であった。この未帰還機の中に、艦爆銀河分隊長の中村文郎大尉もいた。サイパン西沖で散華した中村は、六月一五日付で海軍少佐に昇進した。

✺椎名秀夫少佐（六八期）

椎名秀夫は、昭和一五年八月海兵を卒業して、香取・比叡の各乗組を経て第七潜水隊付となり、伊号第三潜水艦に乗組、次いで伊号第三四潜水艦の航海長兼分隊長となった。その後潜水学校高等科学生として研修を積み、一九年二月二〇日水雷長として呂号第一〇五潜水艦に乗組した。それからわずか四ヶ月後の六月二五日、南太平洋ビスマルク諸島方面の作戦に従事中、同諸島北方海域において敵駆逐艦と交戦した。乗艦は沈没し椎名は熱帯の海に散華した。椎名秀夫大尉は、同日付で海軍少佐に昇進した。

✺新野幸雄中尉（七三期）〈長井中学〉

新野幸雄が海兵の生徒になったのは昭和一六年一二月一日、まさに太平洋戦争開戦の直前であった。長井中学ではトップであっても海兵合格は無理ではないかという母親の杞憂を見事にはねのけての合格だった。

戦局風雲急を告げてきた昭和一九年三月、新野は海兵卒業と同時に第一機動艦隊の筑摩の乗組となったが、6月29日、訓練中不運にも殉職した。新野幸雄少尉は、同日付で海軍中尉に昇進した。

✺江口忠夫少佐（海機四七期）

江口忠夫は、昭和一三年九月三〇日海軍機関少尉候補生として練習艦隊の八雲に乗組、半年に亙る練習航海を経て空母蒼龍の乗組となり、一四年六月一日海軍機関少尉に任官した。その後、戦艦山城、駆逐艦雷の乗組を経て、一五年一〇月一日海軍練習航空隊整備学生となり、一一月一五日海軍機関中尉に進級した。

昭和一六年四月より五ヶ月間大村海軍航空隊兼教官として実技につき、日米開戦直前の一六年九月航空母艦勤務となり、以降鳳翔・龍驤・飛鷹など第一線空母の分隊長として参戦して幾多の激闘を体験した。一七年一一月の官階改正により（機関科将校と兵科将校が統合されて）海軍大尉となり、土浦航空隊で後進の教育指導に当る。

昭和一八年一〇月一日第五〇三海軍航空隊整備長兼分隊長となり、新式の急降下爆撃機彗星

で編成された部隊の整備最高責任者となった。この部隊は木更津で編成され、訓練を積んだ後、一九年三月四日付で第十四艦隊第二十二航空隊に編入され、三月一〇日トラック島に進出した。五月、第二十二航空戦隊はテニアン島に司令部を置く第一航空艦隊に編入された。第五〇三航空隊の飛行機隊は西部ニューギニア北西端のソロモンに進出して豪北方面の作戦に参加した。その後第五〇三航空隊は、サイパン島に転進した。

六月中旬以降マリアナ諸島に対する米機動部隊の攻撃は熾烈になり、同航空隊の奮戦にもかかわらず米攻略部隊の上陸を許すことになった。米軍上陸後も、陸上戦闘で抵抗を続けていたが、七月八日、江口は部下と共に壮烈な戦死を遂げた。同日付で江口忠夫大尉は海軍少佐に進級した。江口は米沢海軍の中で、機関科出身としてただ一人の太平洋戦争の犠牲者である。

✺酒井利美少佐（六八期）

酒井利美は、昭和一五年八月海兵を卒業後、香取・千歳の各乗組を経て第七潜水隊付となった。伊号第一、伊号第十各潜水艦の航海長兼分隊長を務めた後、潜水学校高等科学生として研修を積み、一九年五月三〇日呂号第一一四潜水艦に水雷長として乗組んだ。それから一ヶ月も経たぬ一九年七月一二日、サイパン島沖付近で敵駆逐艦と交戦中戦死した。同日付で酒井利美大尉は海軍少佐に進級した。

✺清水　洋大佐（五二期）

清水洋は海兵に入校し、大正一三年少尉候補生となる。海軍航空の将来に抱負を抱いていた清水は昭和三年三月中尉の時に志願して霞ヶ浦海軍飛行学生となった。卒業後は、陸上・海上各種の航空関係軍務に従事する。昭和一一年一二月海軍少佐に進級し海軍大学校甲種学生となって戦略戦術を研究した。

太平洋戦争開戦二ヶ月前の昭和一六年九月、海軍航空本部教育部員兼教育局員に補され、海軍航空機搭乗員の大量養成計画の策定と実行に当たることとなる。

開戦から四年目の昭和一九年四月一五日、第一航空艦隊の参謀として第一線に出た。第一航空艦隊は、内地での基礎訓練を終えて逐次マリアナ諸島陸上基地に進出し、敵の主攻撃方向に応じて機動作戦を展開する構えでいた。このためマリアナ諸島中最大のサイパン島の南西方に隣接するテニアン島に、角田覚治中将や清水中佐の艦隊司令部は直率航空部隊と共にあった。

着任一ヶ月余の五月二七日、敵軍が西部ニューギニアのビアク島に突如上陸してきたため、連合艦隊はビアク島奪回作戦を契機に、フィリピン、パラオ、西部ニューギニアに囲まれた海域で米軍主力との決戦を企図することとなった。かくしてマリアナ諸島に集結していた第一航空艦隊の半数が、西カロリンから西部ニューギニア方面の基地に展開した。

ところがビアク方面作戦中の六月中旬、ニミッツはマッカーサーに合流することなく、マーシャル諸島に対して独自の作戦遂行に出て、マリアナ諸島に対し空母による猛攻を加えた後、六月一五日サイパン島に上陸を開始した。そこで連合艦隊は、ビアク島奪回作戦を中止してマリアナ諸島海域での邀撃作戦に転じ、六月一九日と二〇日の両日にわたって海上決戦を挑んだ。

六月一九日、日本海軍は旗艦大鳳の檣頭に真珠湾攻撃以来のZ旗をひるがえして決意のほどを示した。しかし米海軍のレーダー網にキャッチされ、出撃機三二八機中一九三機が撃墜され、さらに不沈空母とされていた最新鋭の大鳳も、就役わずか1ヶ月で米潜水艦の餌食になった。かくしてマリアナ沖海戦は日本海軍の完敗に終わる。

孤立無援のサイパン島守備隊は七月八日、南雲司令長官を陣頭に玉砕した。その後米軍は七月二一日グアム島へ、翌二三日テニアン島へ上陸した。
テニアン島における角田司令部の最期の状況については、生存者が一名もいないため不明であるが、七月三一日をもって連絡は途絶えたため、海軍省は清水の戦死の日付を昭和一九年八月二日と認定した。同日付で清水洋中佐は海軍大佐に進級した。

✺小杉敬三少佐（六八期）

小杉敬三は、昭和一五年八月海兵を卒後後、鹿島、青葉、衣笠各艦の乗組を経て、駆逐艦睦月の航海長兼分隊長となった。次いで阿賀野分隊長、第六十九警備隊分隊長となり、一九年三月一日テニアン島の第五十六警備隊分隊長となる。ところが七月二一日、米軍は攻勢の矛先をグアム島に向け、翌二三日、ニアン島へ上陸を開始した。
小杉は大挙来襲する米軍上陸部隊と死闘を交えたものの奮戦虚しく、同郷の第一航空艦隊司令部先任参謀の清水洋大佐と時を同じくしてテニアン島で散華した。同日付で小杉敬三大尉は海軍少佐に進級した。

✺山森康志中尉（七三期）

山森康志は、昭和一九年三月海兵を卒業し、少尉候補生として新野幸雄少尉候補生と共に筑摩乗組となった。それからわずか半年余りの一〇月二五日、比島沖海戦において敵機の雷撃を受けて、筑摩もろとも海底に沈んだ。山森康志少尉は、同日付で海軍中尉に進級した。

✺南雲　進中尉（七三期）

南雲進は、昭和一九年三月海兵を卒業してしばらくの間呉海兵団にいたが、同年五月迅鯨乗組を命じられた。迅鯨は、僚艦の長鯨と共に沖縄へのピストン輸送に従事、往きは軍需物資、帰りは引揚げ婦女子を乗せて佐世保―那覇―鹿児島との往復をしていた。やがて南雲は駆逐艦岸波の乗組となりフィリピン沖海戦に参加した。父である南雲忠一大将の死から、まだ五ヶ月しか経っていなかった昭和一九年一二月三日、南雲は南シナ海で散華した。南雲進少尉は同日付で海軍中尉に進級した。

✵米持文夫少佐（七一期）

米持文夫は、昭和一七年一一月海軍少尉候補生となり伊勢に乗組んだ。昭和一八年六月海軍少尉に任官してからは、海軍練習航空隊飛行学生（第三九期）として訓練に励み、米機動部隊のマーシャル群島に対する空襲が始まる頃の一九年一月二九日百里原海軍航空隊付兼教官となった。同年三月一五日海軍中尉に進級し、七月一〇日攻撃第二五六航空隊付、一一月一五日同飛行分隊長を経て、一二月一日付で海軍大尉に進級した。

この飛行隊は第三航空艦隊に属し、陸上を基地とした戦闘機隊を主体にした部隊であった。米持大尉の第二五二飛行隊は、第三航空艦隊の直率となり、戦況に応じて九州南部まで進出し、第一、第二飛行艦隊と共に、米軍のルソン島進攻に対して作戦を行った。

昭和二〇年一月五日、米持大尉はミンドロ島の敵船団攻撃に出撃したものの行方不明となり、このため戦死と認定され、同日付で海軍少佐に進級した。

✵藁科　保少佐（六九期）

藁科保は、開戦当時第十一連合飛行隊の飛行学生（第三七期）であった。昭和一八年二月二七日博多航空隊付兼教官、九月一日鹿児島航空隊付兼教官、一一月二五日同航空隊分隊長兼教

官となった。この博多・鹿児島の両飛行隊は、操縦・偵察を教育する練習航空隊だった。

　昭和一九年九月一〇日第二戦隊司令部付兼戦艦山城の飛行長となり、一一月一二日横須賀航空隊付、一二月一五日偵察第三〇二飛行隊分隊長となった。当時は戦況が逼迫して、特攻攻撃が敢行されている最中であった。二〇年五月二七日午後七時三〇分、藁科は沖縄周辺の敵艦船に対する夜間攻撃の任務を帯びて古仁屋基地を発進した。しかし藁科機は帰還しなかった。このため藁科保大尉は戦死と認定され、同日付で海軍少佐に進級した。

第６章

「米沢海軍」の品格を世界に伝えた工藤俊作中佐

令和元（二〇一九）年六月二日午後、ＪＲ四谷駅に面した主婦会館プラザにおいて、米沢有為会東京支部主催による創立百三十周年を祝う大会が盛大に開催された。この時、米沢有為会の名誉会長で宇宙航空研究機構宇宙科学研究本部開発名誉教授の上杉邦憲氏が、「上杉茂憲公の沖縄県令時代」と題して、一時間にわたって講演された。

上杉家一七代当主の邦憲氏は、かっての琉球が日本に帰属して沖縄県になった直後の明治一四年五月から二年間、米沢藩一三代藩主の茂憲が第二代目の県令となって、徹底的に住民に寄り添った施政を行ったことを話された。講演当時、沖縄では普天間基地や辺野古問題をめぐり住民運動が激しくなっていただけに、非常に示唆に富む話だった。

この講演が契機となって、かねてから「米沢海軍」について関心を持っていた私は、「米沢海軍」を日本海軍史から本格的に考察してみたいと思うようになった。

それから一ヶ月ばかり経った七月八日、長井市の実家に帰省した際、米沢市立図書館に立ち寄り、「米沢海軍」に関する書籍と資料を検索してみることにした。その時書架に並んでいた一冊が、元海上自衛隊士官の恵隆之介《めぐみりゅうのすけ》氏が書かれた『海の武士道』である。

工藤俊作
（『海の武士道』）

早速読んでみると、昭和一七年三月二日のジャワ海戦の際、この海域で英国海軍の将兵四百数十名が漂流中に、「米沢海軍」の一人の工藤俊作少尉が艦長を務めていた駆逐艦雷《いかづち》に救助された顛末が書かれていた。著者の恵氏は、平成一五（二〇〇三）年六月一三日にNHKラジオの朝の番組「ワールド・リポート」を聞いて、この救出劇を初めて知ったとあった。その時ラジオのリポーターは、「どうしてこんな美談が戦後日本で報道されなかったのか、不思議でならない」と話していたそうである。

このトピックスの提供者は、外交官で元英国海軍大尉のサムエル・フォール卿で、レポーターに対して次のように語った。

「太平洋戦争中の一九四二（昭和一七）年三月二日、ジャワ海で、英国海軍将兵四百人以上が、偶然この海域を通りかかった日本海軍の駆逐艦に発見されました。その直前、英国の将兵たちは既に二四時間近く漂流していたため、生存の限界に近づいていました。このため軍医は、自決用の劇薬を既に全員に配布し終えていました。仲間のうちの数人は、実際にそれを服用しようとしましたが、私はそれを止めました。その時突然眼前に、敵国である日本海軍の駆逐艦が現れたのです。

これを見た時、われわれ英国海軍将兵は、『日本人は野蛮』という先入観から、いよいよ機銃掃射によって最期を迎えるものと覚悟しました。ところが駆逐艦雷（一六八〇トン）は直ちに救助活動に入り、終日を費やして漂流中のわれわれ英国海軍将兵を救助してくれたのです」

さらにフォール卿は、次のように言葉を続けた。

「駆逐艦の甲板上では大騒ぎが起こっていました。日本の水兵たちは舷側から縄梯子を次々と降ろしました。彼等は微笑を浮かべながら、白い防暑服と小柄で褐色に日焼けした顔で、われわれを温かく見つめていたのです。われわれは縄梯子にしがみついて、どうにか甲板に上がることが出来ました。

私を感動させたのは、艦上で日本海軍将兵たちが、重油と汚物にまみれた我々一人一人を、両側から二人がかりで、アルコールと真水で丁寧に洗い流してくれたことです。その後我々全員に、被服や水や食糧を提供してくれました。当時は『石油の一滴は血の一滴』と言われていました。そんな中で、キャプテン・クドウは、艦載のガソリンと真水を惜しげもなく使用してくれたのです。

戦闘海域における救助活動というのは、下手をすれば敵の攻撃を受けて、自艦もろとも自沈する恐れがあります。現にそういったケースも多々あった訳です。したがって相当に温情あふれる艦長でさえ、ごくわずかの間だけ艦を停止して、自力で艦上に上がれる者だけを救助して、その場から立ち去るものなのです。それは戦場の常識でもあります。

ところがキャプテン・クドウは、艦を長時間停泊させただけでなく、全乗組員を動員して、洋上のわれわれ英国人将兵を救助してくれたのです。さらにキャプテン・クドウは、潮流で四散した英国将兵を終日探してくれて、例え一人の漂流者であったとしても、必ず艦を止めて救助してくれたのです。

私には、緑色のシャツ、カーキ色の半ズボンと運動靴が支給されました。これが終わると、我々士官全員は甲板中央の広い所に案内されました。負傷している英国将兵には籐椅子が差し出され、熱いミルクや、ビールやビスケットなどをふるまってくれました。私はまさに奇跡が起こったと思いました。これは夢ではないかと思い、何度も自分の手をつねってみました。

間もなく、我々は前甲板に集合するように命じられました。暫くすると、キャプテン・クドウが艦橋から降りて来て、端正な挙手で我々に敬礼をしました。我々も答礼をしました。するとキャプテン・クドウは、流暢な英語で、次のようにスピーチしたのです。

You had fought bravely. Now you are the guests of Imperial Japanese Navy.
I respect the English Navy but your government is foolisyh make war on Japan

（諸官は勇敢に戦われた。今や諸官は日本帝国海軍のゲストである。私は英国海軍を尊敬している。しかしながら今回貴国政府が日本に戦争を仕掛けたことは、愚かな事である）

そのスピーチの後、キャプテン・クドウは、艦載の食料のほとんどを供出して、我々を歓待してくれました。

翌日、我々英国将兵四二二名は、ボルネオ島の港のパンジェルマシンにおいて、当時日本の管轄下にあったオランダ病院船オプテンノートに捕虜として引き渡されました」

「ワールド・リポート」のリポーターは最後に、「このキャプテン・クドウの行為は、まさに日本武士道の実践そのものだった」と語って、この報告を締めくくった。

フォール卿は、戦後外交官として活躍し、その功績で「サー」の称号を王室から授与された。八九歳になったフォール氏は人生の最後に当たり、是非一言、キャプテン・クドウにその時のお礼が言いたいと思い、八方手を尽くしてその消息を当たってみたものの果たせないでいたところ、たまたまこのラジオを聞いた恵氏の尽力によって、今から一三年前の平成二〇（二〇〇八）年一二月七日、川口市薬林寺にある工藤俊作中佐の墓前に参じることが出来た。

さてキャプテン・クドウこと、工藤俊作少佐（後に中佐）は、明治三二（一九〇一）年一月七日、山形県東置賜郡屋代村（現在の高畠町）で、農家の父工藤七次、母きんの二男として誕生した。

俊作は、大正四年四月、興譲館米沢中学校に入学した。俊作の合格順位は入校者一〇三名中三席だった。それから五年間、俊作は上新田にあった親戚の家から通学した。当時山形県には、山形中学、米沢興譲館中学、新庄中学、鶴岡中学の四校があり、海軍兵学校の入学試験は山形県会議事堂で行われた。

大正九年、俊作は海兵五一期生として入学した。興譲館から海兵に進んだ級友としては、他に、小林栄二、佐藤欣一、近藤道雄がいた。近藤道雄は戦後衆議院議員を務めた近藤鉄雄氏（興譲館から海兵入学、戦後一橋大学から大蔵省。平成二二年すい臓がんのため他界）の父親である。ちなみに近藤道雄は昭和一三年七月、少佐の時、中国戦線で乗機が墜落して戦死した。

俊作が海兵に入学した当時の校長は、終戦時の首相の鈴木貫太郎中将だった。その鈴木は、海兵校長に着任した大正八年一二月、これまでの兵学校の教育方針を一新した。具体的には、（１）鉄拳制裁の禁止、（２）歴史および哲学教育の強化、（３）成績公表の禁止（出世競争意識の防止）である。

俊作は、この鈴木貫太郎校長の教えを忠実に守り、鉄拳制裁を一切行わなかったばかりか、下級生を決して怒鳴りつけず、自分の行動をもって無言のうちに指導した。またある時鈴木校長は俊作たちに対して、明治天皇が水師営の会見の際に、「敵将ステッセルに、武士としての名誉を保たせよ」と御諚され、ステッセル以下列席したロシアの将校に帯剣を許したことを講話した。

海兵を卒業した俊作は、駆逐艦や軽巡洋艦を経験した後、昭和一五年一一月、駆逐艦雷の艦長に補されて、太平洋戦争を迎えた。開戦当時、雷は第六駆逐隊に属し、香港の海上封鎖の任務に就き、その後南方の諸作戦に参加した。

昭和一七年三月一日、スラバヤ沖海戦の掃討戦において、僚艦の電《いなづま》は、撃沈された英海軍重巡エクゼターの乗組員三七六名を救助し、翌三月二日には俊作が艦長を務めている雷が英駆逐艦エンカウンター等の乗組員四二二名を救助した。

その後、俊作が艦長を務めている雷はフィリピン部隊に、さらに第一艦隊に編入されて内地帰還を命ぜられた。五月、雷は第五艦隊の指揮下に入り、アッツ・キスカ攻略戦に参加した。

昭和一七年八月、俊作は駆逐艦響の艦長に就任し、一一月中佐に進級した。響は改装空母大鷹を護衛し、横須賀とトラック島間を三往復した。ところが俊作は、昭和一九年一一月、それまでの激務がたたって体調を崩し、翌二〇年三月一五日、待命となった。

終戦後俊作は、暫く故郷の高畠町で過ごしていたが、妻の姪が開業した医院で事務の手伝いをするために、埼玉県川口市に移った。

ちなみに軍人恩給が支給されるようになったのは、サンフランシスコ講和条約発効後の昭和二八年からである。工藤俊作中佐をはじめ、先の大戦で生命を賭して戦った士官たちには、終戦後七年間、何らの経済的補償も無かった。

　俊作の日課は、毎朝仏前で合掌して、戦死した部下や仲間の冥福を祈ることであった。

　昭和五四（一九七九）年一月一二日、工藤俊作は、英国将兵を救助したことを誰にも語らぬまま、享年七八歳で胃癌のため他界した。

　置賜で生まれ育った、いかにも寡黙な男の最期であった。

【資料】米沢出身海軍士官名簿

※米沢市立図書館、興譲館高校、長井高校などを通じて調査

I　海軍兵学校出身士官（九九名）

①最終階級　②卒業年月　③期別　④主要軍歴等
〈出身地〉は判明した士官のみ記載

1　**石原忠俊**
①少佐　②明治11年8月　③兵5期　③明治5年9月海軍兵学寮入寮　生徒のまま浅間乗組　西南戦争へ参加　④明治11年8月海軍少尉補、19年6月海軍大尉、横須賀軍港司令官伝令使、比叡砲術長、海軍砲術学校教官兼監事、龍驤砲術長兼教官、日露戦争時横須賀軍港司令官副官、済遠砲術長、29年1月海軍少佐・後備役編入、大正3年11月1日没〈興譲館中学〉

2　**山下源太郎**
①大将　②明治16年10月　③兵10期　④明治12年9月海軍兵学校入校、日清戦争時金剛砲術長、北清事変時笠置副長（天津方面海軍陸戦隊総指揮官）功四級、日露戦争時大本営参謀（作戦班）功三級、海軍兵学校長（在職3年4ヶ月、39期以降6クラスを教育）、海軍軍令部次長、佐世保鎮守府司令長官、第一艦隊司令長官（連合艦隊司令長官兼補二回）、大正7年7月海軍大将、海軍軍令部長（5年5ヶ月の在任中ワシントン会議あり）、昭和3年7月年齢満限のため後備役編入、3年11月男爵、昭和6年2月18日没〈興譲館中

学〉〈米沢市東寺町〉

3　**釜屋忠道（源五郎）**

①中将　②明治17年12月　③兵11期　④手旗信号の考案者、日清戦争時常備艦隊参謀　功五級、日露戦争時龍田・佐渡丸・沖島各艦長、功四級、清国公使館付武官、日進・出雲・肥前の各艦長、大湊要港部・旅順鎮守府・横須賀鎮守府各参謀長、佐世保鎮守府艦隊司令官、馬公要港部司令官、大正4年12月予備役編入、昭和14年1月19日没〈興譲館中学〉〈米沢市下矢来町〉

4　**上泉徳弥**

①中将　②明治19年12月　③兵12期　④日清戦争時呉鎮守府参謀、大連湾要港部副官、北清事変時秋津洲副長（太沽方面陸軍揚陸作業協力）功四級、日露戦争時海軍軍令部参謀（大本営鉄道船舶運輸委員）功三級、浪速・吾妻・生駒・薩摩各艦長、大湊要港部司令官、鎮海防備隊司令官（鎮海要港部大建設計画を促進）、横須賀水雷隊司令官（大正2年度海軍小演習、青軍艦隊司令官）、大正3年12月海軍中将・予備役編入、昭和21年11月27日没〈興譲館中学〉〈米沢市本五十騎町〉

5　**黒井悌次郎**

①大将　②明治20年2月　③兵13期　④日清戦争時大本営御用掛（運輸通信部付）功五級、日露戦争時海軍陸戦重砲隊指揮官（旅順攻略戦に参加）、旅順口海軍工作廠長　功三級、露国公使館付武官、霧島艦長、佐世保海軍工廠長、舞鶴鎮守府艦隊司令官、練習艦隊司令官、横須賀海軍工廠長、馬公要港部・旅順要港部各司令官、第三艦隊司令長官（シベリア出兵に伴い、呂領沿岸方面行動）、舞鶴鎮守府司令長官、大正9年8月海軍大将、10年12月予備役編入、昭和12年4月29日没〈興譲館中学〉〈米沢市袋町〉

6　**井内金太郎**

①少将　②明治20年2月　③兵13期　④日清戦争時筑紫航海長、日露戦争時大本営海軍参謀（作戦班）功四級、武蔵艦長、海軍大学校教官、水路部測量科長兼海軍大学校教官、大正3年5月海軍少将、4年5月病気のため予備役編入、大正6年5月18日没〈興譲館中学〉

7　**釜屋六郎**

①中将　②明治20年7月　③兵14期　④日清戦争時満珠・操江各航海長（戦傷）功四級、日露戦争時敷島航海長（戦傷）功四級、日独戦争時霧島艦長、水路部長、朝鮮総督府付武官、第二水雷戦隊司令官、昭和15年8月15日没〈興譲館中学〉〈米沢市下矢来町〉

8　**千坂智次郎**
①中将　②明治20年7月　③兵14期　④日清戦争時扶桑分隊長　功五級、日露戦争時初瀬航海長（戦傷）、佐世保鎮守府参謀　功四級、東宮（のちの大正天皇）武官（三年半）、津軽・生駒、八雲各艦長、舞鶴・佐世保各鎮守府参謀長、佐世保水雷隊司令官、練習艦隊司令官、海軍教育本部第一部長、第二戦隊・馬公要港部・第一特務艦隊・鎮海要港部各司令官、海軍兵学校長（50期以降4クラスを教育）、昭和11年2月23日没〈興譲館中学〉〈米沢市桂町〉

9　**遠山小太郎**
①少尉　②明治20年7月　③兵14期　④明治17年9月海軍兵学校入校、明治20年7月卒業、海軍少尉候補生、筑波乗組（北米〈遠洋航海〉）、浪速・武蔵乗組、明治22年6月海軍少尉、呉海兵団分隊士、病気療養中、明治23年4月6日没〈興譲館中学〉

10　**下條小三郎**
①中佐　②明治22年4月　③兵15期　④日清戦争時厳島分隊士、日露戦争時第十五水雷艇隊司令・春雨駆逐艦長・満州丸副長、馬公水雷敷設隊司令、横須賀海軍工廠造兵部武器庫主管、対馬副長、横須賀海軍工廠兵器庫主管、明治45年5月病気のため予備役編入、昭和13年12月2日没〈興譲館中学〉

11　**山崎金一**
①中佐　②明治23年4月　③兵16期　④日清戦争時山城丸分隊士・第一水雷戦隊付　功五級、日露戦争時竹敷水雷敷設隊分隊長、宗谷副長、舞鶴水雷団副官、竹敷水雷敷設隊司令、大正2年3月病気のため予備役編入、昭和16年12月9日没〈興譲館中学〉

12　**大瀧道助**
①中佐　②明治23年7月　③兵17期　④・日清戦争時金剛分隊士、日露戦争時第十水雷艦隊司令　功四

級、鹿島水雷長、豊橋・宗谷・橋立各副長、海軍教育本部副官兼部員、第十二駆逐隊司令（春雨座乗）、明治44年11月24日、春雨沈没の際公死〈興譲館中学〉

13 **山下正武**

①大佐 ②明治24年7月 ③兵18期 ④日清戦争時呉海兵団分隊士・運送船三重池丸監督補、日露戦争時第十水雷艇隊艇長・千歳水雷長 功四級、鹿島水雷長、音羽副長、海軍兵学校水雷術教官兼監事、呉海軍工廠兵器庫主管、昭和16年4月4日没〈興譲館中学〉〈米沢市明神堂町〉

14 **大瀧新蔵**

①中佐 ②明治30年10月 ③兵24期 ④日清戦争時海軍兵学校生徒（明治26年11月入校）、日露戦争時台南丸（仮装巡洋艦）航海長、海軍兵学校航海術教官兼監事、春日・八雲・石見・朝日・姉川・伊吹各航海長、水路部測量科科員、地方海員審判官兼通信局技師、昭和17年3月31日海軍大臣より軍事功労章授与さる〈興譲館中学〉

15 **宮本松太郎**

①中佐 ②明治30年12月 ③兵25期 ④日清戦争時第十二・十四水雷艇隊各艇長 功五級、海軍水雷学校教官、宗谷（練習艦隊）水雷長、竹敷要港部副官、対馬副長、第十七・第四水雷艇隊各司令、昭和6年3月25日没〈興譲館中学〉〈米沢市新町〉

16 **名古屋為毅**

①大佐 ②明治31年12月 ③兵26期 ④明治29年2月海軍兵学校入校、日露戦争時摩耶・須磨各航海長 功五級、練習艦隊（厳島・橋立）参謀、宗谷・春日・日進・薩摩各航海長、海軍軍令部出仕（艦隊運動程式の改正）、呉鎮守府副官、呉海軍人事部長、富士・香取各副長、大和・須磨・新高各艦長、鎮海要港部参謀長、昭和35年10月9日没〈興譲館中学〉

17 **関才右衛門**

①大佐 ②明治31年12月 ③兵26期 ④日露戦争時第十八・第十九水雷艇隊各艇長、海軍水雷学校教官、山彦駆逐艦長、第八・第十一・第二・第四水雷艇隊各司令、海風駆逐艦長、佐世保海軍工廠検査官兼造

兵部員、横須賀海軍工廠兵器庫主管、大正15年1月12日没〈興譲館中学〉

18 **笠原三郎**
①大尉 ②明治32年12月 ③兵27期 ④・明治32年12月海軍兵学校卒業、明治35年10月海軍中尉、佐世保海兵団付・笠置乗組・筑紫分隊長心得、日露戦争時旅順口閉塞作戦に参加、明治37年5月3日第三回閉塞隊小樽丸指揮官付として戦死、5月2日付海軍大尉・筑紫分隊長 功五級〈興譲館中学〉

19 **左近司政三**
①中将 ②明治33年 ③兵28期 ④日露戦争時第十五水雷艇隊付・磐城航海長、長門艦長、海軍省人事局長・軍務局長、ロンドン海軍軍縮会議時海軍首席随員、練習艦隊司令官、海軍次官、第三艦隊司令長官、佐世保鎮守府指令長官・商工大臣（第二次近衛内閣）、貴族院議員、国務大臣（鈴木内閣）、昭和44年8月30日没〈興譲館中学〉〈米沢市片五十騎町〉

20 **大湊直太郎**
①中将 ②明治34年12月 ③兵29期 ④日露戦争時朝霧乗組・須磨水雷長 功五級、日独戦争時周防・比叡各砲術長 功四級、海軍軍令部副官、山城艦長、第一艦隊参謀長兼連合艦隊参謀長、海軍砲術学校長、第三艦隊司令官、海軍省教育局長、海軍兵学校長（在任1年6か月）、舞鶴要港部司令官、昭和33年4月27日没〈興譲館中学〉〈米沢市南原猪苗代町〉

21 **寺島宇瑳美**
①中佐 ②明治34年12月 ③兵29期 ④日露戦争時朝風乗組・第八水雷艇隊艇長（芝罘において敵艦鹵獲の際負傷）、日本丸分隊長 功五級、海軍水雷学校教官、第二艦隊副官兼参謀、第一次世界大戦時摂津水雷長、第十五水雷艇隊司令、横須賀海軍工廠検査官兼造兵部員、浅間艦長、造兵監督官、昭和30年2月5日没〈興譲館中学〉

22 **今村信次郎**
①中将 ②明治35年12月 ③兵30期 ④日露戦争時連合艦隊旗艦三笠乗組 功五級、第一次世界大戦時英国駐在（英国軍艦に乗艦）、海軍軍令部参謀兼海軍大学校教頭、日向艦長、裕仁皇太子の東宮武官・侍

従武官、練習艦隊司令官、舞鶴要港部司令官、第三艦隊司令長官、佐世保鎮守府司令長官、秩父宮付別当、昭和44年9月1日没〈興譲館中学〉〈米沢市木場町〉

23 **松浦松見**

①中将 ②明治35年12月 ③兵30期 ④日露戦争時宮古・春日各乗組・鎮海防備隊付・大湊水雷敷設隊分隊長心得、海軍大学校選科学生(砲熕兵器)、英国駐在(造兵監督官)、海軍艦政本部第一部第一課長、佐世保・横須賀各海軍工廠造兵部、呉海軍工廠砲熕部長、海軍艦政本部第一部長、昭和23年6月4日没〈興譲館中学〉〈米沢市上花沢仲町〉

24 **秋山 栄**

①大佐 ②明治35年12月 ③兵30期 ④日露戦争時高砂乗組・第八水雷艇隊付、海軍兵学校砲術教官兼監事、第一次世界大戦時浅間(第一南遣枝隊)砲術長、安芸・比叡・榛名各砲術長、呉海軍廠検査官、多磨・長門各副長、野鳥特務艦長、大正14年7月4日没〈興譲館中学〉

25 **野原三郎**

①大佐 ②明治35年12月 ③兵30期 ④日露戦争時吾妻乗組、海軍大学校選科学生(火工兵器)、平戸・阿蘇各砲術長、舞鶴・佐世保・横須賀各海軍工廠検査官兼造兵部員、造兵監督官(海軍火薬廠設立準備委員)、横須賀海軍兵器廠兵器庫主管、昭和26年1月31日没〈興譲館中学〉

26 **下村忠助**

①中佐 ②明治35年12月 ③兵30期 ④日露戦争時常盤・東雲各乗組、練習艦隊参謀、海軍軍令部参謀、海軍省副官兼海軍大臣秘書官、第一次世界大戦時英国駐在、大正5年5月31日ユトランド沖海戦で乗艦クイーン・メリー沈没の際戦死、同日付海軍中佐 功四級〈興譲館中学〉〈米沢市館山屋代町〉

27 **安原武雄**

①少佐 ②明治35年12月 ③兵30期 ④日露戦争時赤城・磐手各乗組 功五級、対馬・春日・呉海兵団・出雲各分隊長、明石砲術長、第一次世界大戦時千代田砲術長、見島分隊長兼舞鶴海兵団分隊長、昭和8年6月10日没〈興譲館中学〉

28　**池田宏平**
①中尉　②明治35年12月　③兵30期　④明治32年12月海軍兵学校入校、日露戦争時鎮海湾防備隊付、明治38年1月海軍中尉、明治38年3月雷乗組で日本海海戦に参加、5月27日夜敵艦に魚雷発射後敵弾のため左胸部に負傷、5月30日戦死　功四級〈興譲館中学〉

29　**松平忠壽**
①大佐　②明治36年12月　③兵31期　④日露戦争時八島・日進・台中丸（仮装巡洋艦）各乗組、千早水雷長、横須賀海軍人事部、軍事参議官副官、海軍艦政本部部員（総務部第一課）、横須賀海軍軍需部第一課長、榛名副長、厳父は上杉家からの養子で忍藩（埼玉県）最後の藩主（子爵）、大正8年襲爵・貴族院議員〈興譲館中学〉

30　**真島孝松**
①少佐　②明治36年12月　③兵31期　④日露戦争時出雲乗組、海軍水雷学校特修科学生、第十二水雷艇隊艇長、第一次世界大戦時千歳分隊長　功五級、敷島分隊長、昭和22年1月19日没〈興譲館中学〉

31　**小島才助**
①中佐　②明治37年11月　③兵32期　④日露戦争中（明治37年11月）海軍兵学校卒業、鎮海乗組として戦役に従事、海軍水雷学校特修科学生、第一次世界大戦時呉防備隊・龍田各分隊長、笠置・筑紫・伊吹各水雷長、臨時南洋群島防備隊副官兼参謀、呉海軍人事部部員、昭和10年4月28日没〈興譲館中学〉

32　**森田（桜井）三郎**
①少佐　②明治37年11月　③兵32期　④日露戦争中（明治37年11月）海軍兵学校卒業、出雲乗組として戦役に従事、海軍大学校選科学生（マレー語）、宗谷・最上各分隊長、第一次世界大戦時運送船監督官、宗谷砲術長、馬公防備隊分隊長、大正7年12月病気のため予備役編入、昭和26年2月25日没〈興譲館中学〉

33　**倉賀野　明**
①少将　②明治38年11月　③兵33期　④日露戦争中海軍兵学校生徒、海軍軍令部副官、ワシントン海軍

軍縮会議時海軍側随員、第一遣外艦隊参謀、侍従武官、鳴戸・長鯨各艦長、海軍兵学校教頭兼監事長、呉海軍軍需部長、東伏見宮付別当、昭和37年9月28日没〈興譲館中学〉

34 **相浦誠一**

①大佐 ②明治38年11月 ③兵33期 ④日露戦争中海軍兵学校生徒、第一次世界大戦時秋津洲分隊長、海軍軍令部参謀（防備担当）、佐世保防備隊・常盤各副長、大湊防備隊司令、昭和2年12月予備役編入、太平洋戦争中（昭和17年3月）充員召集を受け下記を歴任―鹿野丸監督官、三池・博多各在勤武官、横須賀鎮守府船舶警戒部部員、昭和40年5月6日没〈興譲館中学〉

35 **青木敬十**

①少尉 ②明治38年11月 ③兵33期 ④日露戦争中海軍兵学校生徒、明治38年11月海軍兵学校卒業、海軍少尉候補生、橋立・八雲各乗組、香取乗組、病気療養中、明治41年9月10日没〈興譲館中学〉

36 **片桐英吉**

①中将 ②明治39年11月 ③兵34期 ④日露戦争時海軍兵学校生徒、第一次世界大戦時厳島分隊長、大井・榛名各艦長、佐世保鎮守府参謀長、第二航空戦隊司令官、霞ヶ浦海軍航空隊司令、第三戦隊・舞鶴要港部各司令官、第四艦隊司令長官、第十一航空艦隊司令長官、昭和16年9月海軍航空本部長、昭和17年12月軍事参議官、昭和18年3月予備役編入、昭和47年8月16日没〈興譲館中学〉〈米沢市本五十騎町〉

37 **平田　昇**

①中将 ②明治39年11月 ③兵34期 ④日露戦争時海軍兵学校生徒、第一次世界大戦時海風・杉各駆逐艦乗組、韓崎・那智各艦長、佐世保海軍人事部長、第一潜水戦隊司令官、侍従武官（4年半）、佐世保鎮守府指令長官、第六艦隊司令長官、南遣艦隊司令長官、太平洋戦争中横須賀鎮守府司令長官・軍事参議官、予備役編入（昭和18年3月）後日本在郷軍人会副会長、昭和33年5月19日没〈興譲館中学〉

38 **名古屋十郎**

①少将 ②明治39年11月 ③兵34期 ④日露戦争時海軍兵学校生徒、第一次世界大戦時松江航海長、海

軍軍令部参謀（軍港要港努力標準作成）、皇族付武官（山階宮武彦王付）、松江・室戸各特務艦長、呉・横須賀各軍需部第一課長、海軍省軍需局第一課長、呉海軍軍需部長、昭和36年10月20日没〈興譲館中学〉

39　**湯野川忠一**
①大佐　②明治39年11月　③兵34期　④日露戦争時海軍兵学校生徒、間宮・球磨・長鯨各副長、安宅艦長、榛名副長、淀・対馬各艦長、奄美大島航空隊司令、球磨艦長、昭和19年4月12日没〈興譲館中学〉

40　**遠山彦次**
①大佐　明治39年11月　③兵34期　④日露戦争時海軍兵学校生徒、第一次世界大戦時臨時南洋群島防備隊分隊長（ポナペ島・ヤルート島各守備隊長）、襟裳副長、大湊要港部要港務部長、神通艦長、太平洋戦争開戦時充員召集を受け吾妻山丸監督官、昭和45年4月6日没〈興譲館中学〉

41　**岡田義一**
①中佐　②明治39年11月　③兵34期　④日露戦争時海軍兵学校生徒、第一次世界大戦時第十一水雷艇隊艇長、海軍大学校選科学生（水雷兵器）、横須賀海軍工廠造兵部部員、呉海軍工廠水雷部部員兼検査官、海軍艦政本部部員兼造兵監督官（欧米各国へ出張）、横須賀海軍工廠造兵部検査官、昭和40年5月24日没〈興譲館中学〉

42　**下村正助**
①中将　②明治40年11月　③兵35期　④日露戦争中（明治37年11月）海軍兵学校入校、日露戦争時金剛分隊長、米国駐在（ワシントン会議時、全権随員）、海軍大学校教官、北上艦長、米国在勤大使館付武官、軍令部第三部第五課長、第五水雷戦隊・第一潜水戦隊各司令官、日中戦争中第十戦隊・第十四戦隊・大湊要港部各司令官、昭和28年7月30日没〈興譲館中学〉〈米沢市館山屋代町〉

43　**南雲忠一**
①大将　②明治41年11月　③兵36期　④日露戦争直後（明治38年12月）海軍兵学校入校、第一次世界大戦時霧島分隊長・杉乗組・第四戦隊・第三特務艦隊各参謀、軍令部第二課長、高雄・山城各艦長、第一水雷戦隊司令官、日中戦争中第八艦隊司令官・海軍水雷学校長・第三戦隊司令官　功三級、海軍大学校

長、太平洋戦争中次を歴任―第一航空艦隊司令長官・第三艦隊指令長官・佐世保鎮守府指令長官・呉鎮守府司令長官・第一艦隊司令長官、中部太平洋方面艦隊司令長官兼第十四航空艦隊司令長官、昭和19年7月8日サイパン島で戦死、同日付で海軍大将に昇進　功一級〈興譲館中学〉〈米沢市信夫町〉

44　**近藤英次郎**
①中将　②明治41年11月　③兵36期　④日露戦争直後（明治38年12月）海軍兵学校入校、第一次世界大戦時、比叡乗組・春日砲術長・第二特務艦隊（地中海作戦）参謀　功五級、米国駐在（ヴァージニア大学留学）、第一遣外艦隊参謀、海軍兵学校教官兼監事（生徒隊監事）、能登呂・鳳翔各艦長、館山海軍航空隊司令、赤城・加賀各艦長、第三艦隊参謀長・上海海軍特別陸戦隊司令官、横須賀警備戦隊・第三水雷戦隊各司令官、日中戦争時第十一戦隊司令官（南京攻略遡江作戦部隊指揮官）功二級、衆議院議員（昭和17年4月）、昭和30年12月27日没〈興譲館中学〉〈米沢市今町〉

45　**山口　実**
①少将　②明治41年11月　③兵36期　④日露戦争直後（明治38年12月）海軍兵学校入校、第一次世界大戦時浦風乗組・千早航海長、第二艦隊・海軍軍令部・第一水雷戦隊・横須賀鎮守府各参謀、海軍軍令部参謀（第二班第三課長）、多摩・五十鈴・羽黒各艦長、臨時海軍防備隊司令（満州）、昭和11年12月海軍少将、予備役編入、昭和44年3月13日没〈興譲館中学〉

46　**渡部徳四郎**
①大佐　②明治42年11月　③兵37期　④日露戦争後（明治39年11月）海軍兵学校入校、第一次世界大戦時利根乗組、海軍大尉（大正5年12月）以降次を歴任、第十三・第十四・第二十一各潜水隊艦長、第二十二・第四十六・伊第二潜水艦長（この間二回に亙り潜水学校教官）、第二十二・第二十五・第二十八・第二十九各潜水隊司令、昭和6年海軍大佐、長良艦長、昭和9年予備役編入、昭和43年6月4日没〈興譲館中学〉

47　**川上壮雄**
①少佐　②明治42年11月　③兵37期　④第一次世界大戦時摂津乗組、第一・第九水雷艇隊艇長、吾妻分

隊長（練習艦隊）、有明駆逐艦長兼海軍水雷学校教官、大湊・横須賀各防備隊分隊長、関東乗組（北洋警備）、昭和23年1月1日没〈興譲館中学〉

48 **小林　仁**
①中将　②明治43年7月　③兵38期　④日露戦争時如月乗組、シベリア出兵時第三艦隊参謀兼副官、ジュネーブ一般軍縮会議随員、米国在勤大使館付武官、軍令部第五課長、山城艦長、日中戦争中次を歴任、第四艦隊・佐世保鎮守府各参謀長、漢口・上海各方面根拠地隊司令官　功三級、水路部長、太平洋戦争中次を歴任、大阪警備府司令長官、第四艦隊司令長官、昭和52年8月7日没〈興譲館中学〉〈米沢市横町〉

49 **武田盛治**
①中将　②明治43年7月　③兵38期　④第一次世界大戦時筑波・陽炎・出雲（第一特務艦隊）各乗組、海軍大佐（昭和8年12月）以降次を歴任、臨時海軍防備隊司令（満州）、北上・衣笠・三隅各艦長　（昭和12年5月、英国国王ジョージ六世戴冠式観艦式に参加）、呉海兵団長、上海特別陸戦隊司令官、太平洋戦争中次を歴任、第二十四戦隊司令官、第三海軍特別根拠地隊（タラワ）司令官、第四海軍根拠地隊（トラック）司令官兼第二海上護衛隊司令官、昭和48年2月27日没〈興譲館中学〉

50 **坂野民部**
①大佐　②明治43年7月　③兵38期　④第一次世界太戦時弥生・相模・新高（第一特務艦隊）各乗組、海軍水雷学校教官、江風・浜風・潮風・灘風・弥生・狭霧各駆逐艦長、第五・第二十四・第十三・第二十一・第七各駆逐艦隊司令、鎮海防備隊司令、愛宕艦長、日中戦争中第一・第四各砲艦隊司令・五洲丸監督官、太平洋戦争中充員召集、次を歴任―第八砲艦隊司令・大阪軍需管理官、横須賀海軍工廠造船部検査官兼総務部部員、昭和48年10月17日没〈興譲館中学〉

51 **酒井一雄**
①大佐　②明治44年7月　③兵37期　④第一次世界大戦時常盤・伊吹・桐・淀（第一特務艦隊）各乗組、須磨（第一特務艦隊）分隊長、膠州・大泊・満州・神威・由良・多摩・常盤・比叡・伊勢各航海長、白

雲・磯波各駆逐艦永・加古副長、日中戦争中（昭和13年1月）充員召集、次を歴任―大輿丸監督官、大阪軍需管理官、昭和18年4月24日没〈興譲館中学〉

52　**山口三郎**
①中佐　②明治44年7月　③兵39期　④第一次世界大戦時金剛乗組、大正4年12月第六期航空技術研究委員、若宮乗組として操縦術を習得（米沢海軍航空の草分け）、シベリア出兵時第三艦隊司令部付、横須賀海軍航空隊練習部副官兼教官（英国出張）、霞ヶ浦海軍航空隊飛行隊長兼教官、若宮航空長、佐世保・横須賀各個区々謡飛行隊長、赤城飛行長、大村海軍航空隊副長、海軍航空廠飛行実験部部員、神兵隊事件（昭和8年7月発覚した右翼のクーデター未遂事件）に関与し昭和8年9月予備役編入、昭和9年2月1日没〈興譲館中学〉

53　**山下（水野）知彦**
①大佐　②明治45年7月　③兵40期　④第一次世界大戦時周防乗組　功五級、海軍砲術学官、多磨砲術長、海軍艦政本部部員（第一部第一課）、海軍艦政本部造兵監督官（英国在勤）、那珂副長、海軍艦政本部部員（総務部第一課）、呉海軍工廠総務部部員、釼崎偽装委員長、横須賀海軍工廠総務部長、山下源太郎大将養継嗣、昭和6年襲爵、昭和34年5月2日没〈興譲館中学〉

54　**伊藤（高橋）美雄**
①大佐　②大正2年6月　③兵41期　④第一次世界大戦時筑摩（第一南遣枝隊）乗組、春日副砲長・運用長、海軍兵学校教官兼監事、浅間（練習艦隊）・日進運用長、呉海軍工廠総務部部員、海軍艦政本部部員（総務部第一課）、横須賀海軍工廠造船部検査官、太平洋戦争中神戸軍需管理官、昭和20年5月病気のため予備役編入、昭和20年8月5日没〈興譲館中学〉

55　**山森亀之助**
①少将　②大正9年11月　③兵45期　④海軍兵学校教官兼副官、磐手（練習艦隊）・長門各副砲長、長良・耶麻・陸奥・榛名・長門各砲術長、海軍砲術学校教官、連合艦隊司令部付（砲術指導官）、八重山・八雲各艦長、太平洋戦争中次を歴任―海軍砲術学校教頭、青葉・天城各艦長、海軍兵学校教頭遣監事長

〈岩国分校〉、九州海軍航空隊司令官〈興譲館中学〉

56 **和田三郎**
①大佐 ②大正7年11月 ③兵46期 ④大正11年臨時海軍航空術講習部部員（横須賀・霞ヶ浦各海軍航空隊航空術学生）として英国飛行団より操縦術を習得、横須賀・霞ヶ浦各海軍航空隊教官、古鷹・那智各乗組、佐伯・館山各航空隊飛行長、能登呂副長、鹿島・岩国各海軍航空隊副長兼教頭、第十八（サイパン島）・呉海軍航空隊司令、太平洋戦争中次を歴任―佐世保・第８０１（横浜空）・第８５１（東港空）各海軍航空隊司令、霞ヶ浦海軍航空隊司令、昭和45年5月18日没〈興譲館中学〉

57 **篠田武助**
①少尉 ②大正7年11月 ③兵46期 ④大正4年9月海軍兵学校入校、大正7年11月卒業、少尉候補生、大正8年8月海軍少尉、病気のため予備役となる、昭和28年6月9日没〈興譲館中学〉

58 **山田勇助**
①少将 ②大正9年7月 ③兵48期 ④海軍兵学校教員兼監事、蓮駆逐艦長、千鳥水雷艇長、波風・電・夕霧各駆逐艦長、海軍水雷学校教官兼分隊長、神通副長、太平洋戦争開戦時第二十三駆逐隊司令、第六駆逐隊司令、昭和17年11月13日第三次ソロモン海戦において戦死、同日付海軍少将に昇進〈興譲館中学〉

59 **近野信雄**
①少将 ②大正9年7月 ③兵48期 ④沼風・村雨各駆逐艦長、海軍水雷学校教官兼横須賀海軍工廠機雷実験部部員、第十九戦隊参謀、長門副長、海軍機雷学校教頭兼研究部長・海軍技術会議議員、臨時海上護衛総司令部付、昭和19年3月13日八丈島西方海面において戦死、同日付海軍少将に昇進〈興譲館中学〉

60 **亀田寛見**
①大佐 ②大正9年7月 ③兵48期 ④海軍大学校選科学生（教育学）、日中戦争時第二連合航空隊司令部付（漢口攻略作戦）、霞ヶ浦海軍航空隊教官、海軍兵学校教官兼監事、太平洋戦争中次を歴任―翔鶴副

長、第十九連合航空隊参謀、海軍兵学校教官兼監事〈大原分校生徒隊監事〉、昭和37年3月19日没〈興譲館中学〉

61 **芦沢文夫**

①少尉 ②大正9年7月 ③兵48期 ④大正5年8月海軍兵学校入校、大正9年7月卒業・海軍少尉候補生、磐手乗組（遠洋航海）、大正10年4月朝日乗組、大正10年6月海軍少尉、大正13年6月病気のため予備役編入、大正14年3月2日没〈興譲館中学〉

62 **勝見　基**

①大佐 ②大正10年7月 ③兵49期 ④伊号第二十四・第一各潜水艦水雷長兼分隊長、伊号第二十三・呂号第五十七各潜水艦長、呉竹・羽風・太刀風・秋風・大潮・満潮・白露・雷各駆逐艦長、昭和16年9月以降谷風駆逐艦長、昭和18年1月15日ソロモン海域において戦死、同日付海軍大佐に昇進〈興譲館中学〉

63 **大島一太郎**

①大佐 ②大正11年6月 ③兵50期 ④海軍水雷学校高等科学生、日中戦争中文月・皐月・三日月・若葉・満潮各駆逐艦長、海軍水雷学校教官、太平洋戦争中次を歴任―第二十二戦隊参謀・第六・第三各水雷戦隊参謀・海軍兵学校教官兼監事・第二十七・第二十二各駆逐隊司令（戦傷）、海軍省軍需局総務部第一課長〈興譲館中学〉

64 **山中秀夫**

①大佐 ②大正11年6月 ③兵50期 ④海軍航海学校航海学生、日中戦争中鳳翔・出雲・木曽・長鯨・熊野各航海長、太平洋戦争中次を歴任―伊勢航海長、長良副長、横須賀第二警備隊参謀（兼補）、奥羽航空隊付〈興譲館中学〉

65 **工藤俊作**

①大佐 ②大正12年7月 ③兵51期 ④海軍水雷学校高等科学生、狭霧・多摩・五十鈴各水雷長、日中戦争中羽風・太刀風・菊各駆逐艦長、太平洋戦争中次を歴任―雷・響各駆逐艦長、海軍施設部本部部員

〈総務部第一課〉、海軍省兵備局局員（兼補）、昭和19年11月から病気療養中終戦、昭和54年1月4日没〈興譲館中学〉〈高畠町屋代〉

66 **近藤道雄**
①中尉 ②大正12年7月 ③兵51期 ④海軍水雷学校高等科学生、白雲水雷長兼分隊長、海軍兵学校教官兼監事、海軍大学校甲種学生、第一根拠地隊参謀、第一港務部部員兼根拠地隊司令部付、昭和13年7月31日中国涼泉鎮にて戦死、同日付海軍中佐に昇進　功四級〈興譲館中学〉〈米沢市福田町〉

67 **黒井　明**
①少佐 ②大正12年7月 ③兵51期 ④大正9年8月海軍兵学校入校、大正15年3月霞ヶ浦海軍航空隊飛行学生、能登呂乗組（第二遣外艦隊）、霞ヶ浦海軍航空隊教官、昭和4年11月海軍大尉、昭和6年12月海軍練習航空隊高等科学生、昭和7年12月愛宕乗組（第二艦隊）、昭和8年3月4日連合艦隊基本演習中愛宕搭載飛行機に搭乗参加、同日夜四国室戸崎の西40浬付近で豪雨に遭い消息を絶つ、昭和8年3月10日公死と認定、同日付海軍少佐に昇進〈興譲館中学〉

68 **清水　洋**
①大佐 ②大正13年7月 ③兵52期 ④霞ヶ浦海軍航空隊飛行学生、海軍練習航空隊高等科学生、霞ヶ浦海軍航空隊教官、日中戦争時支那方面艦隊・第五艦隊各司令部付、霧島飛行長、第二艦隊参謀、太平洋戦争中次を歴任―海軍航空本部教育部部員、第一航空艦隊参謀（中部太平洋方面）、昭和19年8月2日テニアン島において戦死、同日付海軍大佐に昇進〈興譲館中学〉

69 **小田切政徳**
①大佐 ②大正13年7月 ③兵52期 ④海軍砲術学校高等科学生、由良砲術長、海軍艦政本部部員（総務部第一課）、大本営海軍参謀（軍令部第四・第二課）、太平洋戦争中次を歴任―第四航空戦隊参謀、海軍兵学校教官兼監事（企画課長）、支那方面艦隊参謀兼支那派遣軍参謀、昭和30年11月防衛庁事務官（防衛研修所戦史編纂官）〈興譲館中学〉

70 **勝見五郎**

①中佐　②昭和3年3月　③兵56期　④海軍練習航空隊飛行学生、霞ヶ浦海軍航空隊教官、日中戦争中木更・第十三（特設）各海軍航空隊分隊長（第一・第二連合航空隊として、漢口、南昌方面航空進攻作戦）功四級、鹿屋・木更津各海軍航空隊飛行隊長、太平洋戦争中次を歴任―第七五三（高雄空）・第七五五（元山空）各海軍航空隊飛行隊長、七五一（鹿屋空）海軍航空隊飛行長、鹿屋・豊橋各練習航空隊飛行長兼教官、第七六二（第二・第五各航空艦隊）海軍航空隊飛行長〈興譲館中学〉

71　**寺島美行**

①中佐　②昭和5年11月　③兵58期　④海軍練習航空隊飛行学生、横須賀海軍航空隊教官、日中戦争中大村・宇佐・第十二（特設）各航空隊部隊長（昭和14年11月から15年中期にかけて。中国四川省方面航空進攻作戦）功五級、矢田部海軍航空隊飛行長兼教官、高雄・台南各海軍航空隊飛行長兼教官、第一〇八一海軍航空隊飛行長兼第一〇一航空戦隊（連合艦隊付属）参謀、第一〇二二海軍航空隊副長、昭和40年6月12日没〈興譲館中学〉

72　**関　衛**

①中佐　②昭和5年11月　③兵58期　④海軍練習航空隊飛行学生、霞ヶ浦海軍航空隊付兼教官、龍驤分隊長、日中戦争中次を歴任―筑波海軍航空隊分隊長兼教官（広東攻略戦に参加）功五級、百里原海軍航空隊分隊長兼教官、大村海軍航空隊分隊長、蒼龍・赤城各分隊長、宇佐海軍航空隊飛行隊長兼教官、宇佐海軍航空隊分隊長（兼補）、太平洋戦争中飛鷹艤装員・翔鶴飛行隊長、昭和17年10月16日南太平洋海戦において戦死、同日付海軍中佐に昇進〈興譲館中学〉

73　**永井保栄**

①少佐　②昭和8年11月　③兵61期　④第二次上海事変勃発時呉鎮守府特別陸戦隊付（第一中隊第一小隊長として上海防衛戦闘に参加）功五級、弥生駆逐艦砲術長、第四防備隊（ポナペ警備）分隊長、太平洋戦争中次を歴任―磯波・初月各駆逐艦砲術長、海軍砲術学校高等科学生、北上砲術長、矢矧砲術長（大和と共に沖縄特攻作戦に参加、戦傷）、山陰海軍航空隊付、防衛庁事務官（海上自衛隊勤務）〈興譲館中学〉

74　**五十嵐邦男**

①大尉　②昭和9年11月　③兵62期　④昭和6年4月海軍兵学校入校　④山城乗組、扶桑分隊長、昭和15年11月海軍大尉、佐伯海軍防備隊分隊長、厦門方面海軍特別根拠地隊付、昭和16年11月以降病気療養中終戦〈興譲館中学〉

75　**大関哲秀**

①少佐　②昭和11年3月　③兵63期　④日中戦争中次を歴任―海軍練習航空隊飛行学生、第四十一駆逐隊付（山雲・夏雲乗組）、大井乗組、呉鎮守府第四特別陸戦隊付（漢口攻略作戦に参加）功五級、伊号第八・第六十八潜水艦乗組、比叡分隊長、九江基地分隊長、太平洋戦争中次を歴任―海軍潜水学校特修科学生・伊号第一七三潜水艦水雷長兼分隊長（第三潜水戦隊司令官付）、昭和17年11月27日ソロモン海域において戦死、同日付海軍少佐に昇進〈興譲館中学〉

76　**田中一郎**

①少佐　②昭和12年3月　③兵64期　④日中戦争中呉鎮守府第四特別陸戦隊付・第四防備隊付、鬼怒乗組　功五級、疾風駆逐艦航海長、秋風駆逐艦水雷長、太平洋戦争中次を歴任―嵐駆逐艦航海長、海軍兵学校兼監事、飛鷹乗組、筑摩水雷長、海軍水雷学校高等科学生、椿駆逐艦長（戦傷）、海上自衛隊入隊・海将〈興譲館中学〉

77　**和田久馬**

①少佐　②昭和13年3月　③兵65期　④日中戦争中（昭和13年3月）海軍兵学校卒業、佐世保鎮守府第八特別陸戦隊付、海南島根拠地隊司令官付、舞鶴鎮守府第一特別陸戦隊付兼分隊長、横須賀海兵団分隊長兼教官、太平洋戦争中―馬公警備隊付（海軍予備学生の教育に当たる）、館山海軍砲術学校教官兼分隊長、第八十六警備隊分隊長、昭和19年2月19日グリーン島において戦死、同日付海軍少佐に昇進〈興譲館中学〉

78　**相沢　正**

①少佐　②昭和13年9月　③兵66期　④初風駆逐艦乗組・舞鶴海軍防備隊分隊長、太平洋戦争中―伊勢分隊長・満潮駆逐艦砲術長、第五海軍警備隊（キスカ）付千島方面海軍特別根拠地隊付、第五十二（武

蔵湾）・第五十三（天寧）・第五十七（松輪湾）各海軍警備隊分隊長、奥羽海軍航空隊付兼奥羽海軍航空隊参謀〈興譲館中学〉

79　**青木厚一**

①少佐　②昭和13年9月　③兵66期　④摩耶・山城各乗組、愛宕分隊長、太平洋戦争中次を歴任―野分駆逐艦水雷長、海軍兵学校教官兼監事、海軍水雷学校高等科学生、初桜駆逐艦長〈興譲館中学〉

80　**行方正信**

①少佐　②昭和13年9月　③兵66期　④村雨駆逐艦乗組、朝風駆逐艦航海長、太平洋戦争中次を歴任―長門分隊長、海軍省電信課課員、第八艦隊司令部付、第八十四海軍警備隊（ラバウル）分隊長〈興譲館中学〉

81　**遠藤光男**

①中尉　②昭和14年7月　③兵67期　④昭和15年5月1日海軍少尉、古鷹乗組、昭和16年10月15日海軍中尉、野非海軍病院入院中昭和17年10月12日没〈興譲館中学〉

82　**中村文郎**

①少佐　②昭和14年7月　③兵67期　④磐手・剣崎・朝霧・三隅各乗組、太平洋戦争中次を歴任―横須賀海軍航空隊付兼教官、霞ヶ浦海軍航空隊付兼教官、第五〇三海軍航空隊分隊長、攻撃第一〇七飛行隊分隊長、第五二一海軍航空隊分隊長、昭和19年6月15日サイパン西沖にて戦死、同日付海軍少佐に昇進〈興譲館中学〉

83　**小杉敬三**

①少佐　②昭和15年8月　③兵68期　④鹿島・青葉・衣笠各乗組、睦月駆逐艦航海長兼分隊長、阿賀野分隊長、第六九警備隊分隊長、第五六警備隊分隊長、昭和19年8月2日テニアン島において戦死、同日付海軍少佐に昇進〈興譲館中学〉

84　**酒井利美**

①少佐　②昭和15年8月　③兵68期　④香取・千歳各乗組、伊号一・第十各潜水艦航海長兼分隊長、海

軍潜水学校高等科学生、呂号第一一四潜水艦乗組（水雷長）、昭和19年7月12日サイパン島付近において戦死、同日付海軍少佐に昇進〈興譲館中学〉

85 **椎名秀夫**

①少佐 ②昭和15年8月 ③兵68期 ④香取・比叡各乗組、伊号第三潜水艦乗組、伊号第三十四潜水艦航海長兼分隊長、海軍潜水学校高等科学生、呂号第一〇五潜水艦乗組（水雷長）、昭和19年6月25日ビスマルク群島北方海域において戦死、同日付海軍少佐に昇進〈興譲館中学〉

86 **藁科　保**

①少佐 ②昭和16年3月 ③兵69期 ④太平洋戦争開戦時、第一一連合航空隊飛行学生（第37期）、博多・鹿島各航空隊付兼教官、鹿島航空隊分隊長兼教官、第二戦隊司令部付兼山城飛行長、偵察代三〇二飛行隊分隊長、昭和20年5月27日南西諸島方面において戦死、同日付海軍少佐に昇進〈興譲館中学〉

87 **佐藤良策**

①少佐 ②昭和16年3月 ③兵69期 ④太平洋戦争開戦時第一一連合航空飛行学生（第37期）、新竹・豊橋各航空隊付、第七三二海軍航空隊分隊長、攻撃第七〇七飛行隊分隊長、昭和19年5月29日ニューギニア方面において戦死、同日付海軍少佐に昇進〈興譲館中学〉

88 **名古屋暢男**

①大尉 ②昭和16年3月 ③兵69期 ④太平洋戦争開戦時第二艦隊旗艦愛宕乗組、日向乗組、鳳翔分隊長、舞風駆逐艦砲術長兼分隊長、昭和19年2月17日トラック北水道外方において戦死〈興譲館中学〉

89 **米持文夫**

①少佐 ②昭和17年11月 ③兵71期 ④海軍兵学校卒業後伊勢乗組、海軍練習航空隊飛行学生（第39期）、百里原海軍航空隊付兼教官、攻撃第二五六飛行隊分隊長、攻撃第二五二飛行隊分隊長（第三航空艦隊）、昭和20年1月5日比島攻防戦中ミンドロ島敵艦船攻撃に向い戦死、同日付海軍少佐に昇進〈興譲館中学〉

90 **湯野川守正**

①大尉　②昭和17年11月　③兵71期　④海軍兵学校卒業後伊勢・阿賀野各乗組、筑波練習飛行隊飛行学生（第39期）、筑波海軍航空隊付、第七二一海軍航空隊分隊長（神ノ池基地）（第七二一航空隊は、昭和19年10月1日編成の海軍最初の特別攻撃部隊―桜花特攻）、航空自衛隊入隊・空将補〈長崎県佐世保市〉〈興譲館中学〉

91　**清水　清**
①大尉　②昭和17年11月　③兵71期　④第八一一海軍警備隊付（ラバウル）、海軍航海学校付、響駆逐艦航海長・砲術長、昭和20年6月海軍大尉、海上自衛隊入隊・海将〈長井中学、旧宮内町〉

92　**南雲　進**
①中尉　②昭和19年3月　③兵73期　④海軍兵学校卒業後迅鯨乗組、第三一駆逐隊付（乗艦岸波）、昭和19年12月4日南方護衛作戦中南支那海で敵潜水艦の攻撃を受け岸波沈没戦死、同日付海軍中尉に昇進〈興譲館中学〉

93　**山森康志**
①中尉　②昭和19年3月　③兵73期　④海軍兵学校卒業後筑摩乗組、昭和19年10月25日比島沖海戦で戦死、同日付海軍中尉に昇進〈興譲館中学〉

94　**新野幸雄**
①中尉　②昭和19年3月　③兵73期　④海軍兵学校卒業後筑摩乗組、マリアナ沖海戦参加後内地帰投、呉軍港在泊中殉職、同日付海軍中尉に昇進〈長井中学〉

95　**桜井高久**
①中尉　②昭和19年3月　③兵73期　④海軍練習航空隊飛行学生（第42期）、昭和20年3月海軍中尉、第二一〇海軍航空隊付（明治航空基地・戦闘機）、攻撃第二五一飛行隊付（特別攻撃部隊）〈興譲館中学〉

96　**近（高橋）厚**
①少尉　②昭和20年3月　③兵74期　④第二特攻戦隊光嵐部隊（回天搭乗員）〈興譲館中学〉

97　**高橋一夫**

①少尉　②昭和20年3月　③兵74期　④第二特攻戦隊光嵐部隊大津馬分遣隊（回天搭乗員）〈興譲館中学〉

98　**中野淳伍**
①少尉　②昭和20年3月　③兵74期　④洲崎海軍練習航空隊〈興譲館中学〉

99　**清水勇夫**
①少尉　②昭和20年3月　③兵74期　④・大浦突撃隊（咬竜搭乗員）〈興譲館中学〉

Ⅱ　海軍機関学校出身士官（一九名）

①最終階級　②卒業年月　③期別　④主要軍歴等〈出身地〉

1　**馬場新八**
①造船少監（機関科より転官）　②明治8年10月　③機関士補　④明治4年9月海軍兵学寮入寮（機関科生徒）、10年4月軽気球製造掛（わが国初の製作に成功）、海軍機関学校機関学教授兼生徒部長、武蔵機関長、海軍省艦政局機関科僚、20年12月海軍少技監（機関科より転官）、日清戦争時横須賀鎮守府造船部製造科主幹、29年4月海軍造船少監（後年の造船少佐）、30年12月病気のため予備役編入、大正11年4月8日没〈興譲館中学〉

2　**下條於莵丸**
①機少将　②明治14年7月　③機関士補　④明治6年12月海軍兵学寮入寮（機関科生徒）、日清戦争時筑紫機関長・旅順口水雷敷設隊機関長、高砂機関長（英国で受領後日本へ回航）、海軍機関学校教官兼監事

長、日露戦争時第三艦隊機関長　功四級、横須賀鎮守府機関長、海軍教育本部第三部長、明治41年8月海軍機関少将、海軍機関学校長、大正元年12月予備役編入、大正9年2月28日没〈興譲館中学〉

3　**入沢敏雄**

①機中将　②明治20年7月　③少機関士補候補生　④明治16年9月海軍機関学校入校、日清戦争時八重山乗組、八島分隊長（英国で受領後、日本へ回航）、日露戦争時春日（第三艦隊）機関長　功四級、鹿島機関長（英国で受領後、日本へ回航）、横須賀海軍工廠艤装委員兼検査官、海軍機関学校教頭兼監事長、呉・横須賀各鎮守府機関長、横須賀海軍工廠造機部長、大正5年12月海軍機関中将、大正6年7月予備役編入、昭和14年1月1日没〈興譲館中学〉〈米沢市蔵ノ内町〉

4　**小田切延壽**

①機大佐　②明治27年10月　③機1期　④・日清戦争中海軍機関学校卒業（第1期生）厳島乗組、英国留学、留学中に出雲分隊長（英国で受領後、日本へ回航）、日露戦争中呉海軍工廠造機部部員、海軍中佐昇進以降次を歴任―海軍工機学校教官・海軍大学校教官兼海軍教育本部部員、第一次世界大戦時佐世保海軍工廠造機部長海軍技術本部部員、呉海軍工廠造機部長、大正6年2月病気のため予備役編入、昭和18年10月1日没〈興譲館中学〉

5　**清水得一**

①中将　②明治31年4月　③機5期　④日清戦争直後（明治28年4月）海軍機関学校入校、高砂分隊長（明治35年、英国キング・エドワード七世戴冠式祝典遣英艦隊）、日露戦争時吾妻乗組・横須賀海軍工廠艤装委員・豊橋（水雷艇母艦）分隊長　功五級、造船監督官（英国駐在）、海軍機関大佐昇進以降次を歴任―海軍艦政本部部員（第五部）兼海軍大学校教官、横須賀鎮守府機関長、横須賀海軍艦政部長、海軍機関学校長、大正14年12月海軍中将、海軍省軍需局長、昭和5年6月予備役編入、昭和43年1月24日没〈興譲館中学〉〈米沢市下矢来町〉

6　**安部富次**

①機大佐　②明治34年4月　③機8期　④日露戦争時秋津洲・富士各分隊長（日本海海戦で負傷）功五級、

海軍工機学校教官兼海軍機関学校教官、横須賀海兵団機関長、海軍兵学校教官、第二水水雷戦隊機関長、大正7年12月海軍機関大佐、呉海軍工廠検査官、大正12年3月予備役編入、昭和6年12月30日没〈興譲館中学〉〈米沢市西土手ノ内町〉

7　鈴木　清

①機中佐　②明治36年4月　③機11期　④日露戦争時朝日乗組・第十水雷艇隊付　功五級、第十駆逐隊機関長、日進・鹿島各分隊長、海軍兵学校教官、第一次世界大戦中金剛分隊長・平戸（第三特務艦隊）機関長・第二駆逐隊機関長、津軽機関兼海軍機関学校教官、大正7年12月海軍機関中佐・予備役編入〈興譲館中学〉

8　丸山末男

①機中佐　②明治38年3月　③機13期　④日露戦争中、海軍機関学校卒、三笠乗組、第一次世界大戦時丹後・吾妻各分隊長、常盤（練習艦隊）分隊長、海軍機関学校教官兼監事、臨時南洋群島防備隊機関長、大正9年12月海軍機関中佐、矢矧・富士・横須賀海軍防備隊各機関長、大正13年2月予備役編入〈興譲館中学〉

9　青柳　清

①機中佐　②明治38年3月　③機13期　④日露戦争中海軍機関学校卒業、八雲乗組、吾妻・日進・沖島各分隊長、横須賀海軍港務部部員、第一次世界大戦時矢矧分隊長・旅順防備隊機関長、第三駆逐隊・韓崎・洲崎各機関長、呉海軍港務部部員、大正10年12月海軍機関中佐、大正12年3月予備役編入、昭和29年7月23日没〈興譲館中学〉

10　宮　秀房

①機中佐　②昭和39年3月　③機14期　④日露戦争後、海軍機関学校卒業、第一次世界大戦中次を歴任―永興海軍防備隊機関長、阿蘇・鹿島各分隊長、大和・第十三駆逐隊・勝力各機関長、第一次大戦後次を歴任―第三駆逐隊・木曽各機関長、大正11年12月海軍機関中佐、海軍燃料廠副官兼呉軍需部部員、大正14年3月予備役編入〈興譲館中学〉

11　**氏家親治**
①少将　②明治42年4月　③機17期　④第一次世界大戦時伊吹（南遣枝隊）霧島各分隊長、第一艦隊参謀兼連合艦隊参謀、海軍軍令部参謀（第二班第三課）、海軍艦政本部部員（第五課）、川内・赤城各機関長、横須賀海軍軍需部第二課長、海軍燃料廠練炭部長、舞鶴要港部軍需部長、横須賀海軍艦船部長、昭和10年11月海軍少将、同年12月予備役編入、昭和42年1月17日没〈興譲館中学〉

12　**野呂武雄**
①機大尉　②明治45年7月　③機21期　④第一次世界大戦時―相模乗組、大正8年12月海軍機関大尉、宇治（第一遣外艦隊）機関長、大和機関長、大正13年2月病気のため予備役編入〈興譲館中学〉

13　**鳥山祐蔵**
①少将　②大正4年12月　③機24期　④大正元年9月海軍機関学校入校、上海海軍特別陸戦隊機関長、第十駆逐隊・古鷹・愛宕・鳥海各機関長、海軍砲術学校・海軍工機学校各教官、第四根拠地隊（海南島）・旅順要港部各機関長・朝日工作部長、太平洋戦争中―第一遣支艦隊機関長兼漢口方面特別根拠地隊機関長、舞鶴・佐世保各海軍工廠総務部長、第一〇一海軍施設部長・海軍工作部長（昭南島＝シンガポール）、昭和20年5月海軍少将、昭和46年7月23日没〈興譲館中学〉

14　**和田五郎**
①大佐　②大正13年7月　③機33期　④霞ヶ浦海軍航空隊整備学生、海軍大学校選科学生（航空学機体）、海軍航空本部技術部部員（第一課）、海軍航空本部造兵監督官（ドイツ駐在）、海軍航空技術廠飛行機部部員、太平洋戦争中次を歴任―海軍航空本部部員（第二部第一課）、兼補軍需廠軍需官（航空兵器総局第一局飛行機課勤務）、昭和52年5月19日没〈興譲館中学〉

15　**黒田忠仁**
①大佐　②大正13年7月　③機33期　④常盤（機雷敷設艦）乗組、海軍潜水学校機関学生、太平洋戦争中次を歴任―呉海軍工廠造機部部員、第六潜水艦基地隊（クェゼリン島）機関長、呉海軍工廠造機部検査官兼海軍潜水学校教官、千歳機関長、海軍艦政本部造船監督官・軍需管理官（長崎駐在）、海軍兵学校

舞鶴分副官、佐世保海軍工廠潜水艦部部員〈興譲館中学〉

16 **星　忠雄**
①大佐　②大正13年7月　③機33期　④満州事変時神威・平戸各分隊長、帆風駆逐艦機関長・多摩分隊長、日中戦争（第二次上海事変）時白露・村雨各駆逐艦機関長、太平洋戦争中次を歴任―第二海軍燃料廠（四日市）総務部部員、第六海軍燃料廠（高雄）総務部部員、高雄海軍軍需部部員・高雄海軍運輸部部員（兼補）、第一〇三海軍軍需部（マニラ）部員兼マニラ海軍運輸部部員〈興譲館中学〉

17 **林崎守三**
①中佐　②大正14年7月　④満州事変時大井・矢矧各分隊長、海軍工機学校専攻科学生（工作）、日中戦争時龍驤工作長・第十四海軍航空隊（南支）分隊長、太平洋戦争中次を歴任―霧島工作長、海軍工作学校教官、第一〇一海軍工作部部員、横須賀海軍人事部部員、昭和41年3月9日没〈興譲館中学〉

18 **縮　武**
①中佐　②昭和6年11月　③機40期　④昭和3年4月海軍機関学校入校、海軍工機学校高等科学生、長門分隊長、海軍工機学校教官、第三水雷戦隊参謀、太平洋戦争中次を歴任―第七海軍根拠地隊（ラエ）参謀、海軍工機学校教官、第二遣支艦隊参謀、呉鎮守府参謀〈興譲館中学〉

19 **江口忠夫**
①少佐　②昭和13年9月　③機47期　④海軍練習航空隊整備学生、大村海軍航空隊付兼教官、鳳翔分隊長（第一艦隊）・龍驤分隊長（第一航空艦隊）、飛鷹分隊長（第一航空艦隊）、第五〇三海軍航空隊整備長兼分隊長（中部太平洋方面艦隊第十四航空艦隊）、昭和19年7月サイパン島で戦死〈興譲館中学〉

Ⅲ　海軍主計官　（九名）　（二年現役士官は未収録）

①最終階級　②卒業年月　③期別　④主要軍歴等〈出身地〉

1　**下條正雄**

①主計大監　②明治19年3月　③主計少監（転官）　④明治4年5月兵部省海軍所出仕、6年7月海軍省少秘書、19年3月海軍主計少監、22年8月海軍主計大監（海軍主計大佐と改称）、佐世保鎮守府主計部長、海軍主計学校長、明治26年5月予備役編入、貴族院議員、東京帝室博物館評議、桂谷と号し日本画壇および日本美術界活躍、大正9年12月1日没〈興譲館中学〉

2　**三段崎景之**

①主計中監　②明治33年1月　③少主計　④明治33年1月海軍少主計、日露戦争時山城丸・海軍機関練習所・宇治各主計長、海軍経理学校主計長兼監事教官、海軍省経理局局員、大正2年12月海軍主計中監（後年主計中佐と改称）、横須賀海軍経理部衣糧科長、舞鶴海軍工廠会計部計算課長、6年12月病気のため予備役編入、大正8年3月10日没〈興譲館中学〉

3　**安部熙吉**

①主少佐　②明治35年12月　③少主計候補正　④明治35年12月海軍少主計候補生・海軍主計官練習所学生、36年12月卒業、海軍少主計、日露戦争時八雲・夕霧各乗組　功五級、松江・利根・笠置・阿蘇各主計長、大正2年12月海軍主計少監（海軍主計少佐と改称）、日露戦争時遠江丸主計長、5年4月病気のため予備役編入〈興譲館中学〉

4　**清水敬一**

①主大佐　②明治42年12月　③少主計　④明治42年12月海軍主計・海軍経理学校乙種学生（43年7月卒

業)、第一次世界大戦時第二駆逐隊主計長、横須賀海軍経理部部員、八雲(練習艦隊)主計長、呉海軍工廠会計部部員、呉海軍経理部第二課長、鎮海要港部主計長、昭和4年11月海軍主計大佐、同年12月予備役編入〈興譲館中学〉

5　児玉　茂

①主中佐　②昭和4年3月　③経18期　④大正15年4月海軍経理学校入校、海軍大学校選科学生(支那語)、日中戦争(第二次上海事変)時上海海軍特別陸戦隊付兼分隊長(戦傷)功五級、太平洋戦争中次を歴任―海軍経理局局員(第三課)、セラム民政部主計課長、第二十五海軍建設部部員(西部ニューギニア)、昭和19年10月海軍主計中佐、海軍省経理局員兼兵備局員、海軍省軍務局員(兼補)〈興譲館中学〉

6　計見良雄

①主少佐　②昭和9年11月　③経23期　④昭和6年4月海軍経理学校入校、日中戦争(第二次上海事変)時第三艦隊付として、第十一掃海隊・第一水雷隊勤務(南京攻略遡江作戦)、太平洋戦争中次を歴任―広海軍工廠造機部部員兼会計部部員、第二十三海軍特別根拠地隊(マカッサル)主計長、横須賀海軍施設部部員、昭和19年5月海軍主計少佐、海軍経理学校教官兼監事〈興譲館中学〉

7　片桐邦夫

①主中尉　②昭和19年3月　③経34期　④太平洋戦争直前(昭和16年12月1日)海軍経理学校入校、柿駆逐艦主計長、第三航空艦隊司令部付〈興譲館中学〉

8　高橋　昭

①主少尉　②昭和20年3月　③経35期　④鹿児島航空隊(二十二連合航空隊司令部付)〈興譲館中学〉

9　八幡伊八

①主少尉　②昭和20年3月　③経35期　④三重航空隊付〈興譲館中学〉

Ⅳ　海軍軍医官・薬剤官（九名）（二年現役士官・充員召集者は未収録）

①最終階級　②卒業年月　③期別　④主要軍歴等〈出身地〉

1　**高橋秀松**

①薬剤中監　②明治19年10月　③大薬剤官　④明治11年東京大学卒（製薬士）、12年8月海軍省御用掛、19年10月海軍大薬剤官、海軍軍医学校監事兼教官、30年12月8日海軍薬剤中監（後年薬剤中佐と改称）、英・仏・独へ留学、海軍省医務局課員（第一課）、横須賀海軍病院試験所長兼病院付、35年5月病気のため予備役編入、40年11月薬学博士、大正2年2月9日没〈興譲館中学〉

2　**長井又蔵**

①軍医大監　②明治15年6月　③軍医補　④明治15年6月海軍軍医補、日清戦争時山城軍医長、31年12月海軍軍医中監、佐世保水雷団軍医長・佐世保海軍病院付（兼補）、竹敷要港部軍医長、舞鶴鎮守府医務部部員、日露戦争時舞鶴海軍病院付、39年11月海軍軍医大監（後年軍医大佐と改称）、予備役編入、明治19年6月12日没〈興譲館中学〉

3　**上村浅次郎**

①軍医大佐　②明治34年12月　③少軍医候補生　④明治34年12月海軍少軍医候補生・海軍軍医学校学生、日露戦争時高雄・朝潮各乗組　功五級、米国へ留学、大正6年12月海軍軍医中監（後年軍医中佐と改称）、呉海軍病院付、伊勢軍医長、横須賀海軍病院兼部員、10年12月海軍軍医大佐、大正12年1月予備役編入〈興譲館中学〉〈米沢市東町〉

4　**関　市衛**

①軍医大佐　②明治35年12月　③少軍医候補生　④明治35年12月海軍少軍医候補生・海軍軍医学校学生、

日露戦争時佐世保海軍病院付・春雨乗組　功五級、第一次世界大戦時摂津乗組・吾妻軍医長、横須賀海軍港務部軍医長、河内・伊吹各軍医長、海軍造兵廠軍医長、大正11年12月海軍軍医大佐、12年3月予備役編入、昭和2年11月医学博士、昭和49年11月25日没〈興譲館中学〉

5　**青木義雄**

①軍医大佐　②明治44年12月　③少軍医　④明治44年12月海軍少軍医・海軍軍医学校乙種学生、第一次世界大戦時第十駆逐隊付・霧島乗組・第七駆逐隊軍医長・臨時南洋群島防備隊付（ヤップ島守備隊）、大正15年12月海軍軍医中佐、金剛・海軍水雷学校各軍医長、港海軍病院第一部長、横須賀海軍病院部員兼教官、昭和5年12月海軍軍医大佐、大湊要港部軍医長兼病院長、昭和6年12月予備役編入〈興譲館中学〉

6　**芋川千秋**

①軍医少将　②大正元年12月　③少軍医　④大正元年12月海軍少軍医・海軍軍医学校乙種学生、第一次世界大戦時薩摩・千歳各乗組、高雄軍医長・第二十二駆逐隊（第二特務艦隊）・第二十四駆逐隊各軍医長、昭和7年海軍軍医大佐、佐世保海軍工廠医務部長、連合艦隊軍医長、横須賀海軍工廠医務部長、13年11月海軍軍医少将、別府海軍病院長、舞鶴海軍病院長兼舞鶴鎮守府軍医長、昭和16年12月予備役編入〈興譲館中学〉

7　**玉虫雄蔵**

①薬剤少将　②大正5年6月　③中薬剤士　④大正4年12月海軍薬剤学生（東京帝国大学）、5年6月海軍中薬剤士、昭和3年12月海軍薬剤中佐、呉・横須賀各海軍病院薬剤部長、海軍軍医学校教官、7年12月海軍薬剤大佐、13年11月海軍薬剤少将・予備役編入、昭和15年10月薬学博士〈興譲館中学〉

8　**吉川（渡部）三郎**

①軍医中佐　②大正6年11月　③少軍医　④大正6年11月海軍少軍医・海軍軍医学校乙種学生、鬼怒・木曽・利根・古鷹各軍医長、呉・佐世保各海軍病院部員、昭和3年12月海軍軍医中佐、4年3月予備役編入、太平洋戦争中（昭和17年1月）充員召集、次を歴任―香港方面海軍特別根拠地隊付（兼補）香港港

務部軍医長・第二海軍工作部部員、横須賀海軍病院部員、第二高雄海軍航空隊軍医長、昭和20年5月海軍軍医中佐、舞海軍病院部員〈興譲館中学〉

9　田中周吉

①軍医少佐　②昭和5年9月　③軍医中尉（二年現役）　④昭和5年9月海軍軍医中尉（二年現役士官）・海軍軍医学校普通科学生、佐世保海兵団付・第十六駆逐隊付・呉海軍病院勤務、昭和7年8月海軍軍医大尉、同年9月予備役編入、12年8月充員召集を受け日中戦争から太平洋戦争中次を歴任―呉海軍病院部員・第4駆逐隊・南京基地隊各軍医長、第二港務部軍医長兼箱崎丸軍医長、17年11月海軍軍医少佐、昭和18年9月充員召集解除〈興譲館中学〉

【資料】終戦当時海軍兵学校等に在籍した米沢出身生徒名簿

海軍兵学校75期（昭和18年12月1日入校）
井上　宏　内野（高橋）欣一　菊地武彦
鈴木宗三　蔵五　哲　高橋（丹）文敏
中沢直樹　西條信三　羽鳥泰郎
藤倉源蔵　槙山信三　松野良寅
八島（船山）憲二郎　我妻（鈴木）和雄
菊地邦男　今田久夫　房間正夫
吉村　啓　伊藤尚夫　大島正武
佐竹昭雄　林　茂夫　宮本幸俊（政泰）
山田玄彦　南雲　明　斎藤啓夫
中原奎典　若杉　栄

海軍機関学校57期（昭和19年10月9日入校）
結城敏夫

海軍兵学校76期（昭和19年10月9日入校）
飯沢竹義　石丸修二　蔵俣成夫
鈴木泰助　清野修一　南雲　正
西山　安　芳賀政太郎　原田　毅
（※長井中学）

海軍経理学校36期（昭和18年12月1日入校）
後藤　昭　田中政彦

海軍兵学校77期（昭和20年4月10日入校）
加藤常吉　菊地郁夫　近藤鉄雄
斎藤岩雄　斎藤和男　平　博夫
寺島俊典　富田達徳　安江正之
吉田雄一

海軍経理学校37期（昭和19年10月9日入校）
吉井晴治

海軍経理学校38期（昭和20年4月10日入校）
稲村芳助

海軍兵学校78期（昭和20年4月3日入校）
阿部　清　安部　進　遠藤茂男

海軍経理学校39期（昭和20年4月3日入校）
加藤　惇

おわりに

私が「米沢海軍」について書いてみたいと思ったのは、今から三年前に遡る。この年の令和元年六月二日、ＪＲ四ツ谷駅前のビルにおいて、「米沢有為会東京支部」主催による創立一三〇周年を祝う大会があり、米沢有為会名誉会長上杉邦憲氏による「上杉茂憲公の沖縄県令時代」と題する講演があった。講演で上杉邦憲名誉会長は、第二代目沖縄県令として赴任した茂憲公が沖縄の人々に徹底的に寄り添った県政を行ったことを感動的に話された。この講演に触発された私は、幕末維新期の米沢藩の歴史について調べてみることにした。

以前から私は、松野良寅著『遠い潮騒―米沢海軍の系譜と追憶』（米沢海軍武官会刊）をはじめ、『海軍王国の誕生』や『海軍の語り部』などを読んでいたことから、この際「米沢海軍」について描いてみたいと思い立った。

そんな最中の今年二月二四日、ロシアのプーチンによるウクライナ侵略が起こった。以来三カ月が過ぎた。祖国防衛にかけるウクライナ兵士の必死の戦いぶりに心打たれる日々が続いている。

さて昭和二〇年に入ると、太平洋戦争は最悪の局面を迎え、日本の敗戦はもはや避けがたくなった。そんな中にあって、「米沢海軍」の南雲進少尉や山森康志少尉や新野幸雄少尉（いずれも海兵七三期）らは敵艦目がけて突入して行った。この三人は、昭和一九年三月に少尉に任官したばかりであった。それからわずか一年余りで彼らは散華した。齢は二一、二である。

彼等は果たして何を想って、敵艦に突っ込んで行ったのか？　祖国を守るためか？　国体護持のためか？　家族を護るためか？　それとも愛する人のためか？

私には、薄幸だった「米沢海軍」の彼等と、生命をかけて戦っている今のウクライナ兵士の姿が重なる。

この冬の米沢は例年以上の大雪で、積雪は二メートル近くにもなった。

海に全く面していない米沢・置賜地方から、なぜかくも多くの海軍士官が輩出したのか、それが拙著のテーマである。

その理由の一つに、幕末、上杉藩は佐幕派に属していたため、明治新政府に居場所が無かったことがある。この地の出身者は、藩閥政府から「白河以北一山三文」と蔑まれていた。これに発奮した青年たちが、藩閥による差別が比較的薄い海軍士官になることで身を立てようとした。二つ目は、上杉藩全体が、藩校である興譲館を中心に学問に極めて熱心だったことがある。

吹雪に晒されながらも置賜の桜木は、今年も例年通り四月二〇日頃開花した。将来この地からどのような人間が育つのだろうか。私の期待は大きい。

拙著の終わりに当たり、次の一節をもって、戦陣に散った「米沢海軍」の先輩方への鎮魂にしたい。

「丹可磨而不可奪其色、蘭可燔而不可滅其香、此志奪う可からず」（山本五十六述志から）

（たんはみがくべくして、そのいろをうばうべからず。らんはやくべくして、そのかめっすべからず。）

末筆ながら、拙著の刊行にあたり、さまざまな観点から有益な御助言を惜しまなかった株式会社芙蓉書房出版代表取締役社長平澤公裕氏に対して衷心より感謝申し上げるものである。拙著が読者の共感を呼んだとすれば、それはひとえに平澤氏の御助言のお陰である。

工藤美知尋

二〇二二年六月

主要参考文献

［資料］

伊藤隆・工藤美知尋他編『高木惣吉　日記と情報（上下）』平成一二年、みすず書房。

伊藤隆・広瀬順晧編『牧野伸顕日記』平成二年、中央公論社。

大分県先哲史料館『堀悌吉資料集（全三巻）』平成一八年、大分県先哲史料館。

海軍大臣官房『海軍制度沿革』昭和四六年、原書房。

木戸幸一『木戸幸一日記（上下）』昭和四一年、岩波書店。

宮内庁『昭和天皇実録（全9巻）』平成二八年、東京書籍。

防衛省防衛研究所所蔵「軍令部令改正の経緯」。

防衛省防衛研究所所蔵「元海軍大将井上成美談話集録」。

防衛省防衛研究所所蔵「航空本部長申継書」。

日本近代史料研究会編『日本陸海軍の制度・組織・人事』昭和四五年、東京大学出版会。

日本国際政治学会編『太平洋戦争への道（別巻）資料編』昭和三八年、朝日新聞社。

原田熊雄『西園寺公と政局（全九巻、含別巻）』昭和三二年、岩波書店。

堀悌吉「ロンドン会議請訓より回訓までの期間身辺雑録」

関口真博編「海軍中将・侍従武官今村信次郎（昭和五〜六年一二月）」（非売品）

［文献］

新井達夫『加藤友三郎』昭和三三年、時事通信社。

有竹修二『斎藤実』昭和三三年、時事通信社。

池田清『海軍と日本』昭和五六年、中公新書。

池田清『日本の海軍（上下）』昭和四一年、至誠堂。

井上成美「海軍の思い出」（『朝日ジャーナル』昭和五一年一月六日号）。

井上成美伝記刊行会編『井上成美』昭和五七年、同伝記刊行会。

イザベラ・バード（時岡敬子訳）『イザベラ・バードの日本紀行（上下）』平成二〇年、講談社学術文庫。

宇垣纏『戦藻録』平成八年、原書房。

緒方竹虎『一軍人の生涯―提督・米内光政』昭和五八年、光和堂。

岡田大将記録編纂委員会『岡田啓介』昭和三一年、同委員会。

『岡田啓介回顧録』昭和二五年、毎日新聞社。

大谷隼人『日本之危機』昭和六年、森山書店。

大井篤『海上護衛参謀の回想』昭和五〇年、原書房。

大井篤「先見名哲の人下村正助中将」（『別冊丸』）平成三年、光人社。

影山昇『海軍兵学校の教育』昭和五三年、第一法規出版。

金沢裕之『幕府海軍の興亡―幕末期における日本の海軍建設』平成二九年、慶應義塾大学出版会。

草鹿龍之介『連合艦隊の栄光』昭和四七年、行政通信社。

工藤美知尋『日本海軍と太平洋戦争（上下）』昭和五七年、南窓社。

工藤美知尋『海軍大将加藤友三郎と軍縮時代―米国を敵とした日露戦争後の日本海軍』平成二一年、光人社NF文庫。

工藤美知尋『海軍良識派の研究―日本海軍のリーダーたち』平成二三年、光人社NF文庫。

工藤美知尋『日本海軍の歴史がよくわかる本―その誕生から終焉まで』平成一九年、PHP文庫。

工藤美知尋『海軍良識派の支柱山梨勝之進―忘れられた提督の生涯』平成二五年、芙蓉書房出版。

工藤美知尋『海軍大将井上成美―愛と苦悩に満ちた生涯』平成三〇年、光人社。

工藤美知尋『苦悩する昭和天皇―太平洋戦争の実相と「昭和天皇実録」』平成二五年、芙蓉書房出版。

工藤美知尋『連合艦隊司令長官の苦悩　山本五十六の真実』平成二七年、潮書房光人社。

源田実『海軍航空隊始末記（全三巻）』昭和三七年、文藝春秋新社。

源田実『真珠湾回顧録』昭和四七年、読売新聞社。

小池猪一『意外史日本海軍』平成元年、光和堂。

小関悠一郎『上杉鷹山―「富国安民」の政治』平成三年、岩波新書。

近衛文麿『平和への努力』昭和二一年、日本電報通信社。

近衛文麿『失われし政治』昭和二一年、朝日新聞社。

佐藤鉄太郎『帝国国防史論（上下）』昭和五四年、原書房。

実松譲『最後の砦―提督吉田善吾の生涯』昭和四九年、光人社。

実松譲『米内光政―山本五十六が最も尊敬した一軍人の生涯』平成二年、光人社。

四竈孝輔『侍従武官日記』昭和五五年、芙蓉書房。

水交会編『回想の日本海軍』昭和六〇年、原書房。

反町栄一『人間山本五十六』昭和五三年、光和堂。

高木惣吉『太平洋海戦史』昭和二五年、岩波新書。

高木惣吉『山本五十六と米内光政』昭和二五年、文藝春秋。

高木惣吉『私観・太平洋戦争』昭和四四年、文藝春秋。

高木惣吉『太平洋戦争と陸海軍の抗争』昭和五七年、経済往来社。

高田万亀子『静かなる楯・米内光政（上下）』平成二年、原書房。

高橋義夫『沖縄の殿様』平成二七年、中公新書。

谷寿夫『機密日露戦史』平成一六年、原書房。

千早正隆『日本海軍の驕りの始まり―元連合艦隊参謀が語る昭和海軍』平成元年、並木書房。

千早正隆「連合艦隊司令長官山本五十六と軍令部」（『歴史と人物』昭和六〇年冬号。

角田順『政治と軍事―明治・大正・昭和初期の日本』昭和六二年、光風社出版。

友田昌宏『東北の幕末維新―米沢藩士の情報・交流・思想』平成三〇年、吉川弘文館。

友田昌宏『戊辰雪冤―米沢藩士・宮島誠一郎の「明治」』平成二一年、講談社現代新書。

豊田副武『最後の帝国海軍』昭和五九年、主婦の友出版サービスセンター。

豊田穣『波まくらいくたびぞ—悲劇の提督・南雲忠一中将』昭和四八年、講談社。

芳賀徹・大分県先哲叢書『堀悌吉』平成二一年、大分県教育委員会。

野村實『日本海軍の歴史』平成一四年、吉川弘文館。

原奎一郎『原敬日記（全六巻）』平成一七年、福村出版。

福留繁『史観・太平洋戦争』昭和三〇年、自由アジア社。

堀悌吉君追悼録編集会議編『堀悌吉君追悼録』昭和三四年、同委員会。

防衛庁防衛研修所戦史室『戦史叢書大本営陸軍部（1）（2）』昭和四二年、朝雲新聞社。

同　『大本営海軍部・連合艦隊（1）』昭和五〇年、朝雲新聞社。

同　『大本営海軍部・大東亜戦争開戦経緯（1）（2）』昭和五四年、朝雲新聞社。

同　『大本営陸軍部・大東亜戦争開戦経緯（1）〜（5）』昭和四八年、朝雲新聞社。

同　『ハワイ作戦』昭和四二年、朝雲新聞社。

松浦玲『勝海舟』平成二二年、筑摩書房。

松島慶三『悲劇の南雲中将—真珠湾からサイパンまで』昭和四二年、徳間書店。

松野良寅『遠い潮騒—米沢海軍の系譜と追憶』昭和五五年、米沢海軍武官会。

松野良寅『海軍の語り部』平成八年、潮騒会。

松野良寅『海は白髪なれど—奥羽の海軍』平成四年、博文館新社。

松野良寅『海軍こぼれ話—続・海は白髪なれど』平成五年、博文館新社。

松野良寅『我妻栄—人と時代』平成九年、我妻栄先生生誕百年記念実行委員会。

松野良寅『海軍王国の誕生』平成九年、我妻栄記念館。

松野良寅『東北の長崎—米沢洋学の系譜』昭和六三年、ぎょうせい。

宮野澄『不遇の提督堀悌吉』平成二年、光人社。

恵隆之介『海の武士道』平成二〇年、産経新聞出版。

恵隆之介『敵兵を救助せよ！』平成二六年、草思社文庫。

森松俊夫『大本営』平成二五年、吉川弘文館。

山下大将伝記編纂委員会『海軍大将山下源太郎伝』昭和一六年、同編纂委員会。

山梨勝之進先生遺芳録記念出版委員会『山梨勝之進先生遺芳録』昭和三三年、同委員会。

山梨勝之進『歴史と名将―戦史に見るリーダーシップの条件』昭和五六年、毎日新聞社。

米沢市史編纂委員会『戊辰日記』平成一〇年、同委員会。

米沢市史編纂委員会『米沢市史（第四巻）近代』平成七年、同委員会。

若槻礼次郎『古風庵回顧録』昭和二五年、読売新聞社。

著者略歴

工藤美知尋（くどう　みちひろ）

日本ウェルネススポーツ大学教授
1947年山形県長井市生まれ。日本大学法学部卒業、日本大学大学院法学研究科政治学専攻修士課程修了、ウィーン大学留学、東海大学大学院政治学研究科博士課程修了。政治学博士。
主な著書に、『苦悩する昭和天皇』『日本海軍と太平洋戦争』『日ソ中立条約の研究』『海軍良識派の支柱山梨勝之進』『日本海軍の歴史がよくわかる本』『東条英機暗殺計画』『特高に奪われた青春』『終戦の軍師　高木惣吉海軍少将伝』など。

米沢海軍《よねざわかいぐん》　その人脈《じんみやく》と消長《しようちよう》

2022年 7月26日　第1刷発行

著　者
工藤美知尋《くどうみちひろ》

発行所
㈱芙蓉書房出版
（代表　平澤公裕）
〒113-0033東京都文京区本郷3-3-13
TEL 03-3813-4466　FAX 03-3813-4615
http://www.fuyoshobo.co.jp

印刷・製本／モリモト印刷

ISBN978-4-8295-0840-4

【芙蓉書房出版の本】

苦悩する昭和天皇

太平洋戦争の実相と『昭和天皇実録』

工藤美知尋著　本体 2,300円

昭和天皇の発言、行動を軸に、帝国陸海軍の錯誤を明らかにしたノンフィクション。『昭和天皇実録』をはじめ、定評ある第一次史料や、侍従長の日記、政治家や外交官、陸海軍人の回顧録など膨大な史料から、昭和天皇の苦悩を描く。

終戦の軍師 高木惣吉海軍少将伝

工藤美知尋著　本体 2,400円

海軍省調査課長として海軍政策立案に奔走し、東条内閣打倒工作、東条英機暗殺計画、終戦工作に身を挺した高木惣吉の生きざまを描いた評伝。安倍能成、和辻哲郎、矢部貞治ら民間の知識人を糾合して結成した「ブレーン・トラスト」を発案したり、西田幾多郎らの“京都学派”の学者とも太いパイプをつくった異彩の海軍軍人として注目。

敗戦、されど生きよ

石原莞爾最後のメッセージ

早瀬利之著　本体 2,200円

終戦後、広島・長崎をはじめ全国を駆け回り、悲しみの中にある人々を励まし、日本の再建策を提言した石原莞爾晩年のドキュメント。終戦直前から昭和24年に亡くなるまでの４年間の壮絶な戦いをダイナミックに描く。

ドイツ海軍興亡史

創設から第二次大戦敗北までの人物群像

谷光太郎著　本体 2,300円

陸軍国だったドイツが、英国に次ぐ大海軍国になっていった過程を、ウイルヘルム２世、ティルピッツ海相、レーダー元帥、デーニッツ元帥ら指導者の戦略・戦術で読み解く。ドイツ海軍の最大の特徴「潜水艦戦略」についても詳述。